普通高等教育"十二五"规划教材

画法几何及土建工程制图习题集

（第二版）

西北农林科技大学　蒋允静　主编

内 容 提 要

本习题集与《画法几何及土建工程制图》（第二版）配套使用，其章节编排顺序与配套教材完全一致。

习题集主要内容包括：常用的四种投影方法（正投影、轴测投影、标高投影和阴影透视）的作图练习；工程形体表达方法的作图练习；水工建筑和建筑图样的专业作图练习等三部分。

本书按现行国家及行业制图规范的要求编写，可作为水利、水电和建筑类各专业的制图教材，亦可供函授大学、职工大学等有关专业选用，及有关工程技术人员参考。

图书在版编目（CIP）数据

画法几何及土建工程制图习题集/蒋允静主编. —2版. —北京：中国水利水电出版社，2012.7（2022.5重印）
普通高等教育"十二五"规划教材
ISBN 978-7-5084-9970-3

Ⅰ.①画… Ⅱ.①蒋… Ⅲ.①画法几何—高等学校—习题集②建筑制图—高等学校—习题集 Ⅳ.①TU204-44

中国版本图书馆CIP数据核字（2012）第155404号

书　　名	普通高等教育"十二五"规划教材 **画法几何及土建工程制图习题集（第二版）**
作　　者	西北农林科技大学　蒋允静　主编
出版发行	中国水利水电出版社 （北京市海淀区玉渊潭南路1号D座　100038） 网址：www.waterpub.com.cn E-mail：sales@mwr.gov.cn 电话：(010) 68545888（营销中心）
经　　售	北京科水图书销售有限公司 电话：(010) 68545874、63202643 全国各地新华书店和相关出版物销售网点
排　　版	中国水利水电出版社微机排版中心
印　　刷	清淞永业（天津）印刷有限公司
规　　格	260mm×184mm　横16开　8.25印张　196千字
版　　次	2008年3月第1版　2008年3月第1次印刷 2012年7月第2版　2022年5月第4次印刷
印　　数	7001—9500册
定　　价	**26.00元**

凡购买我社图书，如有缺页、倒页、脱页的，本社营销中心负责调换

版权所有·侵权必究

第 二 版 前 言

　　本习题集与中国水利水电出版社"十二五"规划教材《画法几何及土建工程制图》（第二版）配套使用，也随原教材（普通高等教育"十一五"国家级规划教材《画法几何及土建工程制图》）一并进行了修订。

　　与教材一样，习题集也需遵循面向土建类多个不同专业和便于自学的服务目标，它的整体框架经多次修编业已成熟，其题型与总量均无变动。

　　本次修订的主要内容是：

　　对个别有误或偏难的作图题作了更改，例如：题5-2中的已知条件遗漏了圆平面的倾角，且将ab//ox误写成bc//ox；题7-6（2）将原两实体相贯改为一实体被穿孔，降低了相贯体可见性判断的难度；题11-22平面图中房顶两侧的投影有误等。同时，为鼓励解题方法的多样性，有较多版面图形位置作了调整；还有，在文字上对题目和工程作图指示书作了加工。

　　修订工作由主编一人负责完成，不当之处欢迎读者批评指正。

编　者

2011年11月

第 一 版 前 言

本习题集与蒋允静主编的《画法几何及土建工程制图》（新一版）教材配套使用，并已随教材修订，经1994年、1996年、2001年、2003年历次筛选，内容比较精炼，使用效果良好。

2006年，因本习题集的教材核准进入普通高等教育"十一五"国家级规划教材，编者再一次按新版要求，对习题集作了如下改动：一是删去了少量难度偏大的综合题；二是选定教材内解读的工程实例作为抄绘作业的内容，使二者结合更为紧密，以提高教学效率。本习题集的编排顺序与教材一致，题目编号采用"×-×"，前面的数字为教材章次，后面的数字为题目序号。

工程制图课程必须培养学生按投影理论和规范要求绘制工程图样，因此，即使"画法几何"部分的图线，也必须使用绘图仪器作出，而且作业上只标字母和数字，不写文字说明。本习题集不含计算机绘图部分，所有作图均要求手绘，以训练绘图的基本技能。另外，为使学生进一步了解工程制图和提高专业作图能力，每个工程图的抄绘作业都有指示书，对其目的、要求和作图格式作了详细说明，这样，对自学也更为有利。

鉴于该教材与配套习题集是为水利、房建等土建类专业统一编写的，各专业的图示对象和特点有所不同，故习题的份量略大于大纲要求，教师可根据具体情况作适当取舍。

本习题集编写人员的分工如下：西北农林科技大学蒋允静编写第3、4、5、7、11、12、13、15、16、17章，西北农林科技大学裴金萍编写第2、6、14、18章，西北农林科技大学张宽地编写第8、9章，甘肃农业大学李晓琳编写第1、10章。

1988年以来，在该教材与习题集编写和修订的过程中，学习和参考了许多有关著述，获益良多，在此特向这些编著者表示诚挚的谢意。本习题集内容上难免有不当或漏误之处，欢迎读者批评指正。

编 者
2007 年 12 月

目　　录

第二版前言

第一版前言

第 1 章	投影的基本知识	1
第 2 章	点、直线、平面	5
第 3 章	直线、平面的相对关系	13
第 4 章	投影变换	21
第 5 章	曲线与曲面	25
第 6 章	立体的投影	31
第 7 章	形体表面的交线	34
第 8 章	立体的表面展开	45
第 9 章	轴测投影	49
第 10 章	标高投影	53
第 11 章	正投影图中的阴影	59
第 12 章	透视投影	69
第 13 章	制图的基本知识	81
第 14 章	组合体	92
第 15 章	建筑形体的图示方法	105
第 16 章	水工图	117
第 17 章	建筑施工图	121
第 18 章	结构施工图	123

| 第1章　投影的基本知识 | 班级 | 姓名 | 学号 |

1-1 根据图示形体的主视方向和尺寸，画其三视图。

(1)

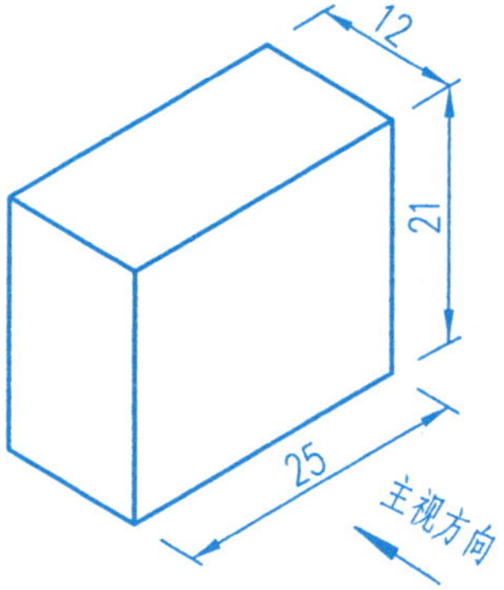

(2)

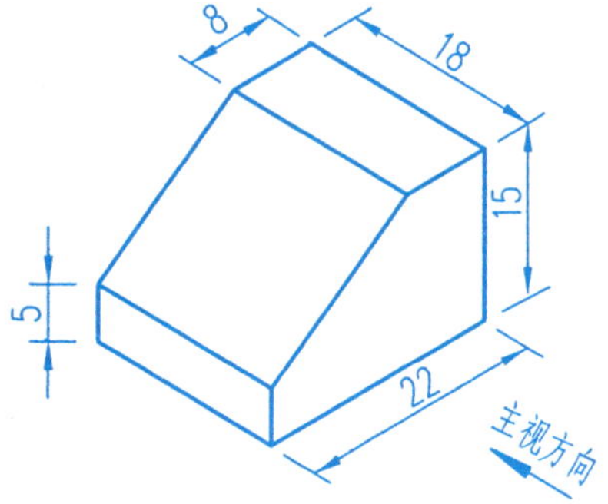

(3)

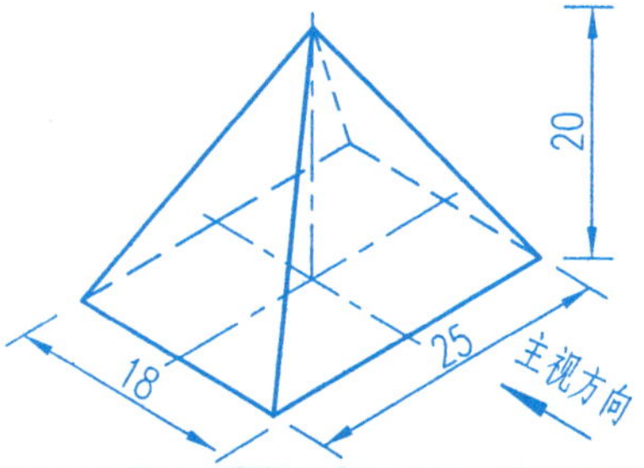

(4)

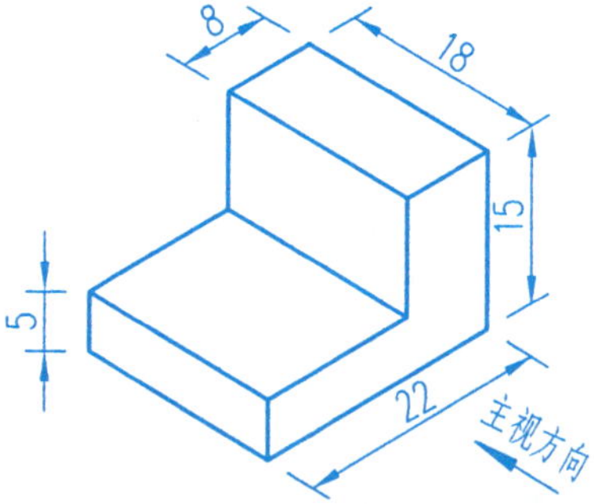

第1章 投影的基本知识　　　　　　　　　　　　　　　　　　　　　　班级　　　　姓名　　　　学号

1-2 根据图示形体的主视方向和尺寸，画其三视图。

(1)

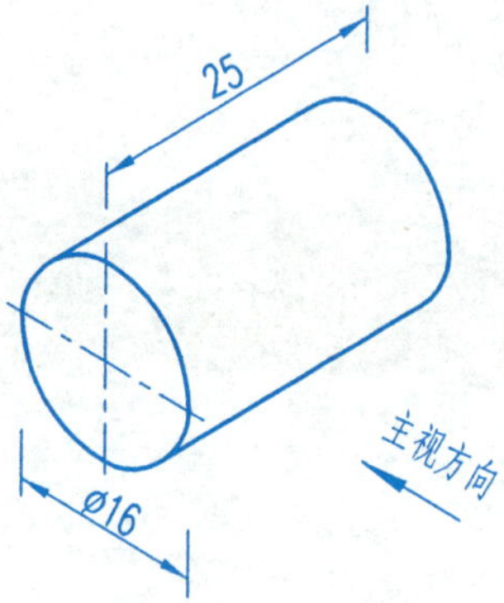

(2)

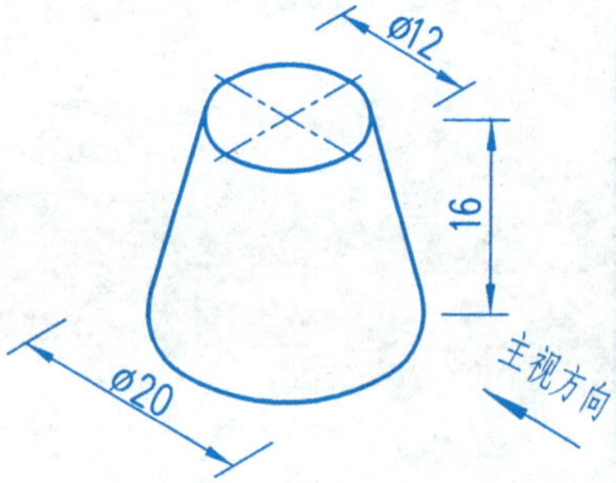

(3)

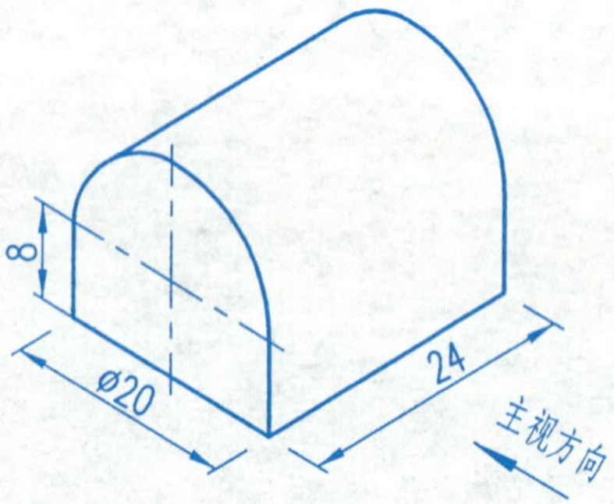

(4)

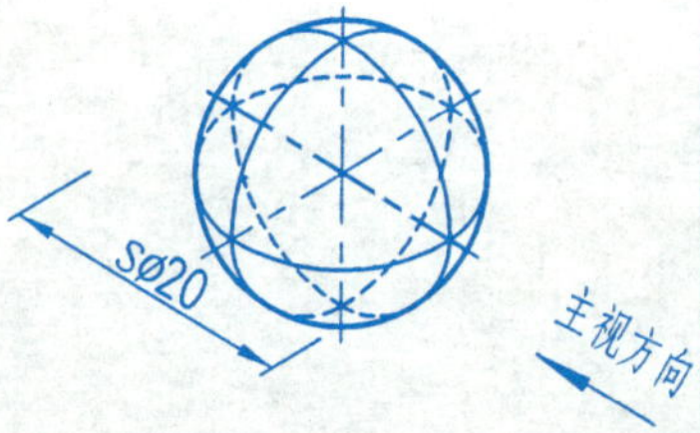

| 第1章 投影的基本知识 | 班级 | 姓名 | 学号 |

1-3 根据形体的轴测图及某一视图,补画其余两视图(所缺尺寸由轴测图量取)。

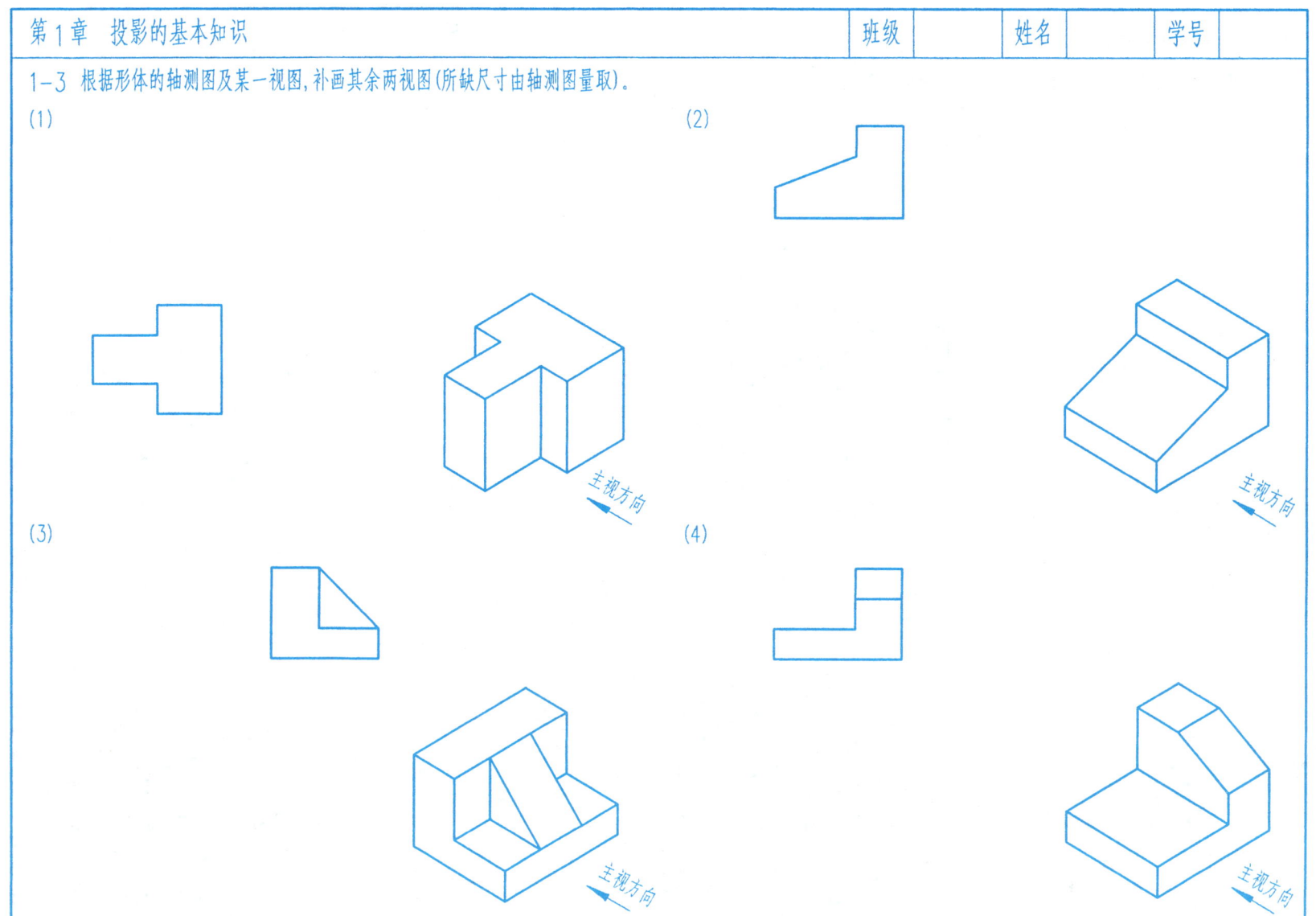

| 第1章 投影的基本知识 | | 班级 | | 姓名 | | 学号 | |

1-4 根据形体的轴测图,画出其三视图(尺寸由轴测图量取)。

(1)

(2)

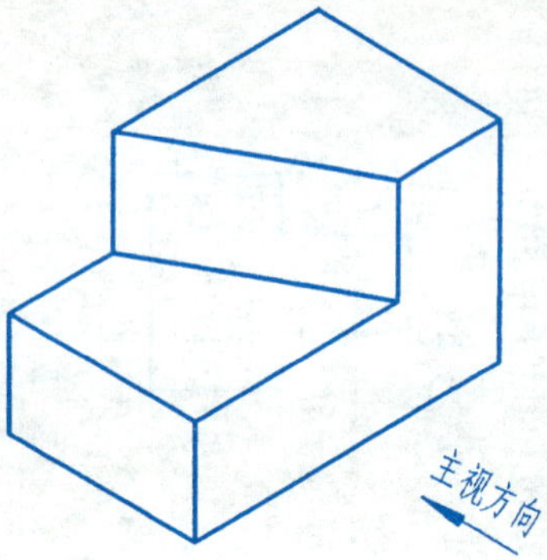

(3)

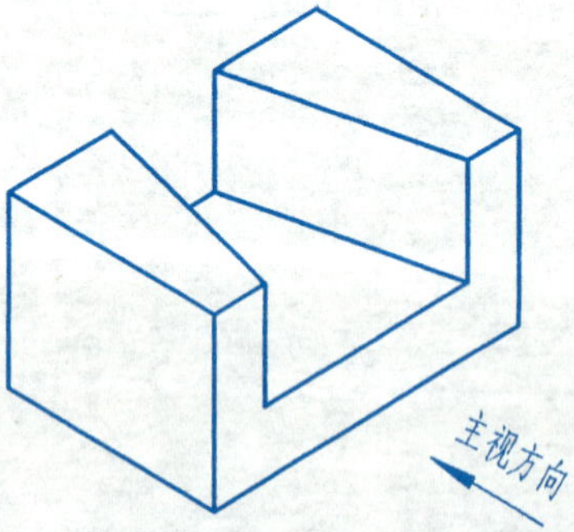

(4)

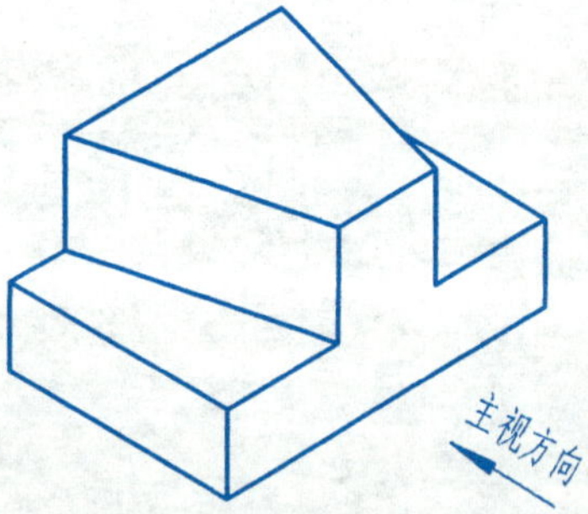

主视方向

— 4 —

第 2 章 点、直线、平面 —— 点的投影

2-1 画出轴测图中各点的二面投影(尺寸沿轴向量取),并在表中填写各点到 V 面、H 面的距离及所在分角。

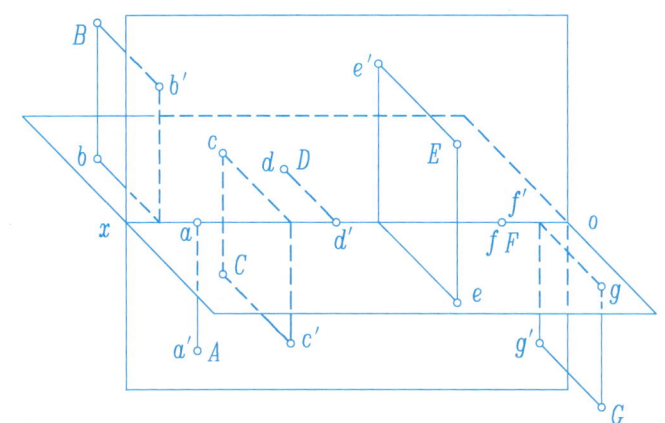

2-2 已知 A、B 两点的轴测图,画出其三面投影(尺寸沿轴向量取)。

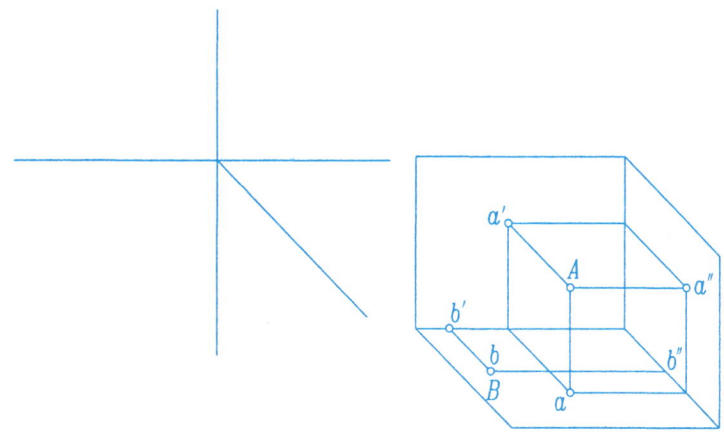

2-3 已知 a',$y=5$,B 点在 A 点的正前方 15,C 点在 A 点的正右方 20,求作 A、B、C 的三面投影。

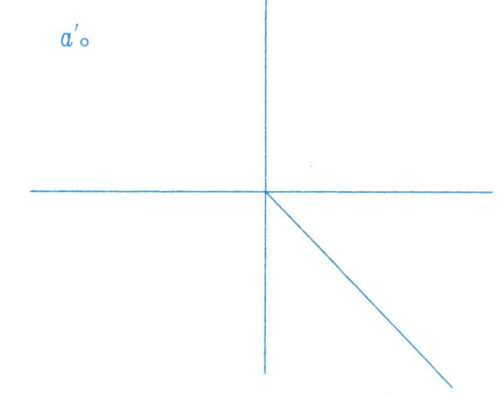

位置＼点	A	B	C	D	E	F	G
距 V 面							
距 H 面							
所在分角							

第 2 章 点、直线、平面——直线的投影

2-4 补画直线的第三面投影,并指出各标注直线是什么位置线。

2-5 补画形体的第三面投影,并指出各标注直线是什么位置线。

AB _____
BC _____
CD _____
DE _____

2-6 求 AB 的实长及它对各投影面的倾角。

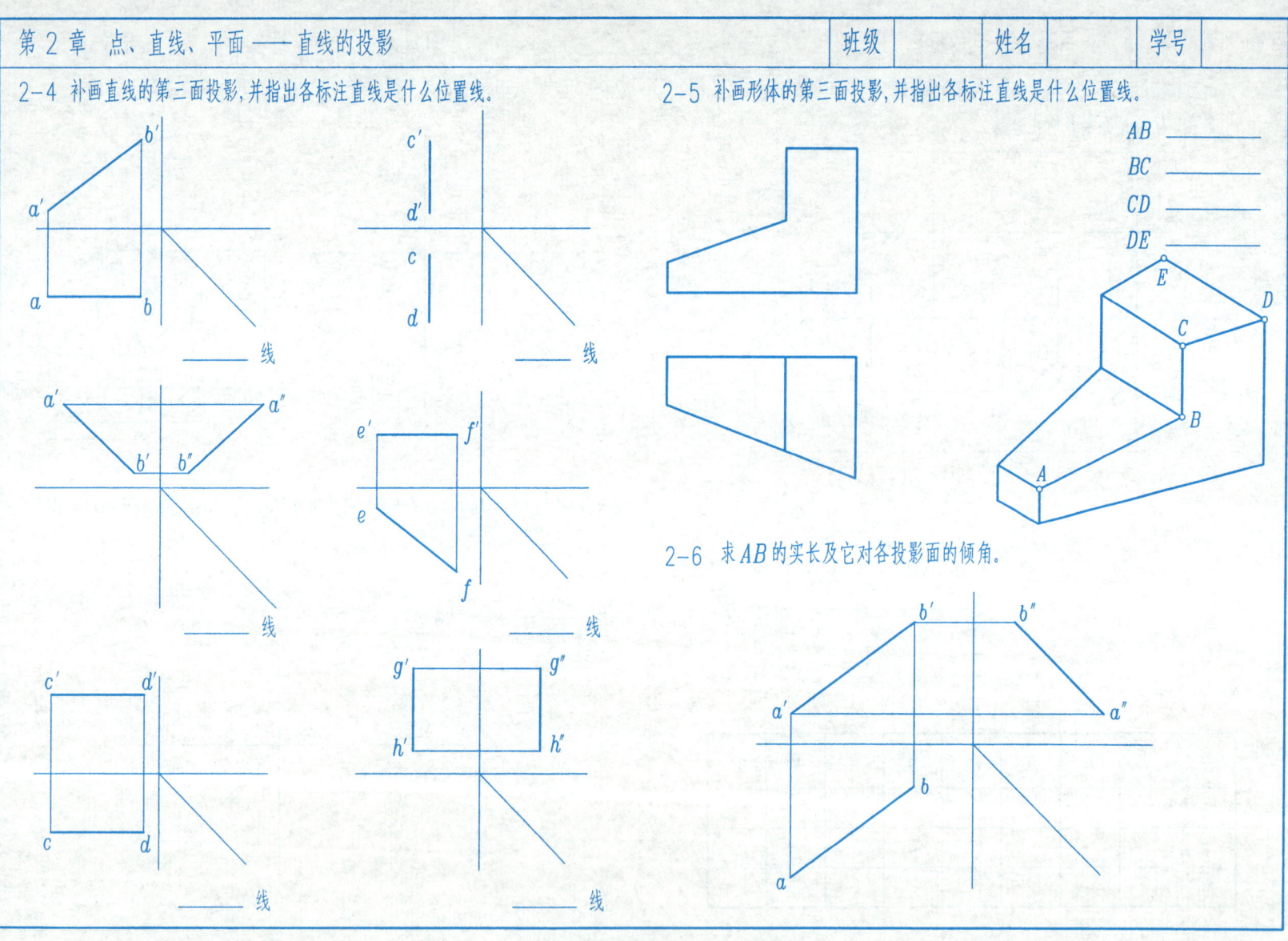

第 2 章 点、直线、平面 —— 直线的投影

2-7 已知 $CD=30$,求 $c'd'$。

2-8 过 A 向其右后方作水平线 AB,使 $AB=40$,$\beta=30°$。

2-9 已知 $AB=BC$,求 $b'c'$。

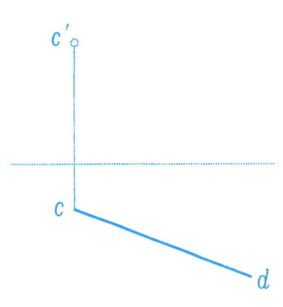
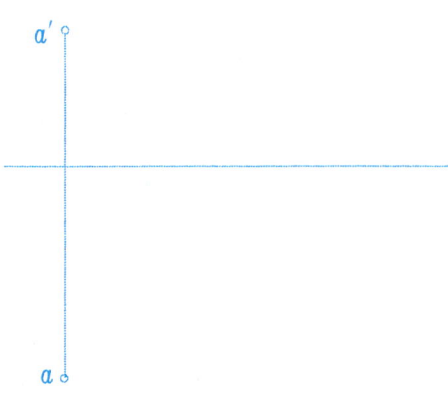
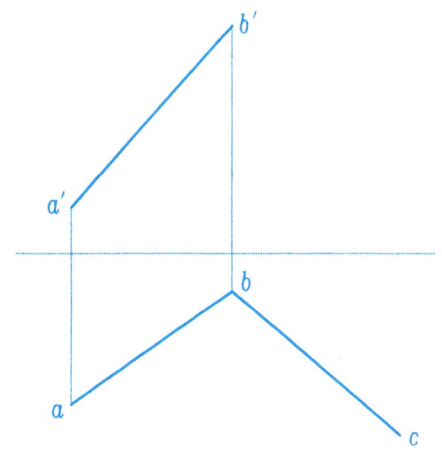

2-10 已知 a' b'、a'',$AB=30$,求 AB 的投影。

2-11 在线段 CD 内定一点 K,使 $CK=15$。

2-12 在 AB 上定一点 C,使其到 V 面、H 面的距离之比为 1:2。

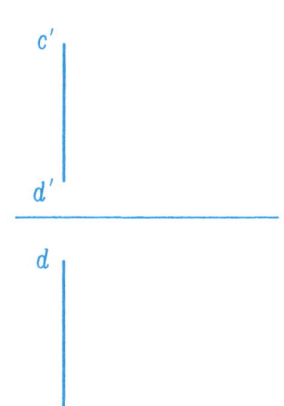
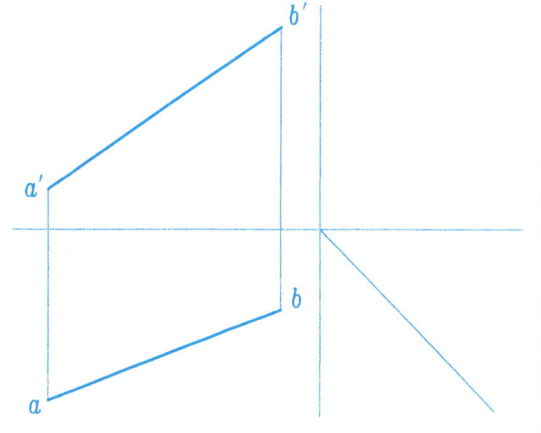

第 2 章 点、直线、平面 —— 直线的投影

2-13 求直线AB在V面、H面的迹点。

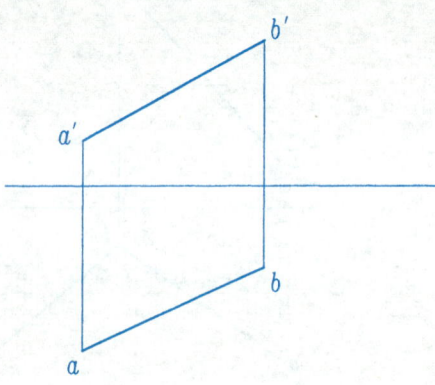

2-14 已知某直线的迹点M和N，求线段MN的投影及实长。

2-15 判别图示各例两直线的相对位置(平行、相交、交叉、垂直)。

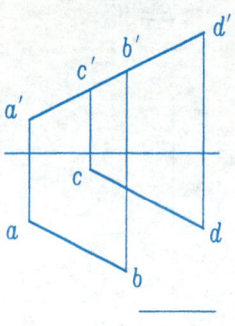 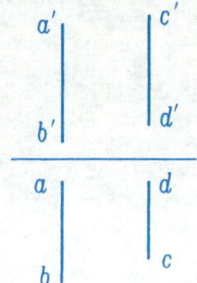 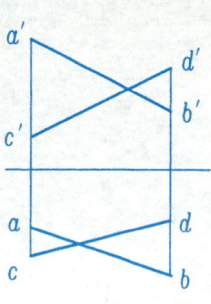

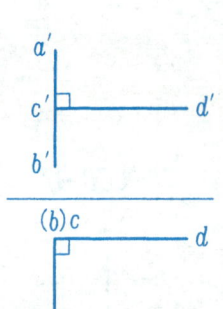 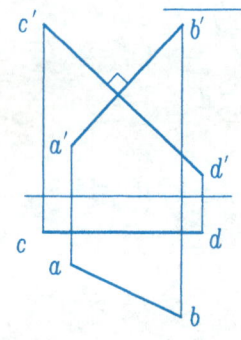 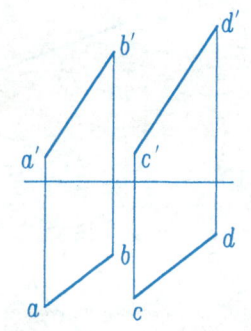

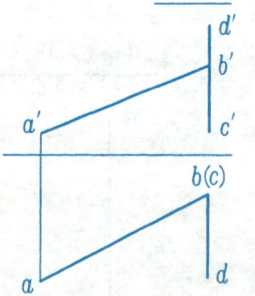 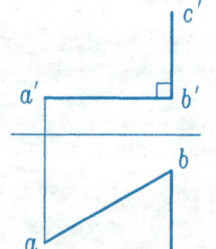 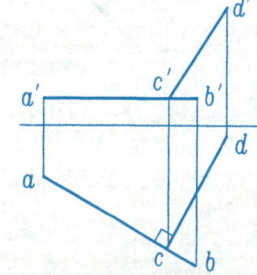

第 2 章 点、直线、平面 —— 直线的投影

2-16 判别两交叉直线重影点的可见性。

2-17 补画两相交直线的投影。

2-18 求 A 点到直线 BC 的距离。

2-19 求两平行直线间的距离。

2-20 求直线 AB、CD 之间的距离。

2-21 在 C 点右后方作线段 CD，使 CD=25，且平行于 AB。

第 2 章 点、直线、平面 —— 直线的投影

2-22 作直线 MN，使其平行于 EF，且与 AB、CD 都相交。

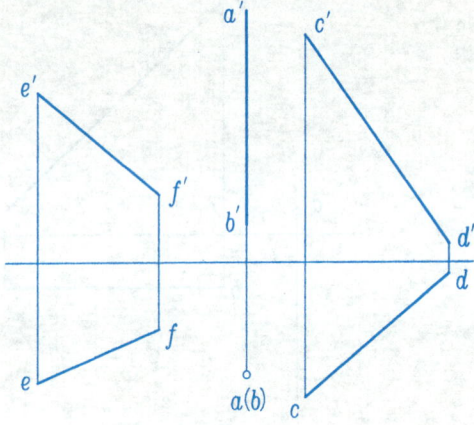

2-23 已知等腰直角三角形 ABC 的直角边 BC 在 EF 上，求作三角形 ABC。

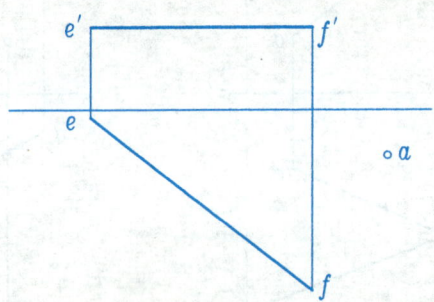

2-24 求作角平分线 AE 的投影（ac//ox）。

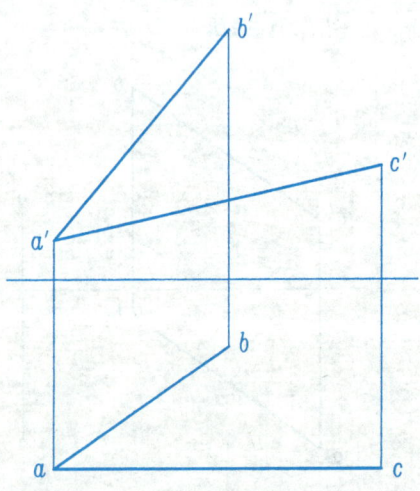

2-25 求作等边三角形 ABC，且使 BC 在 MN 上（mn//ox）。

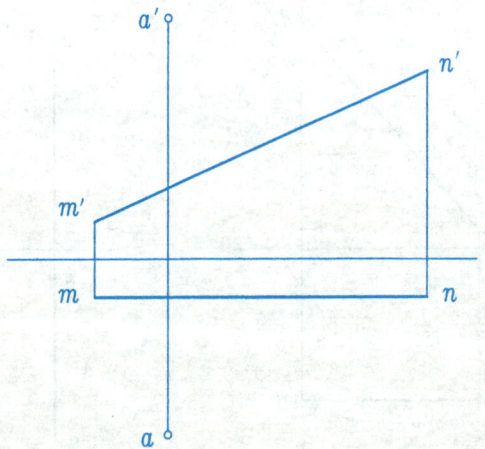

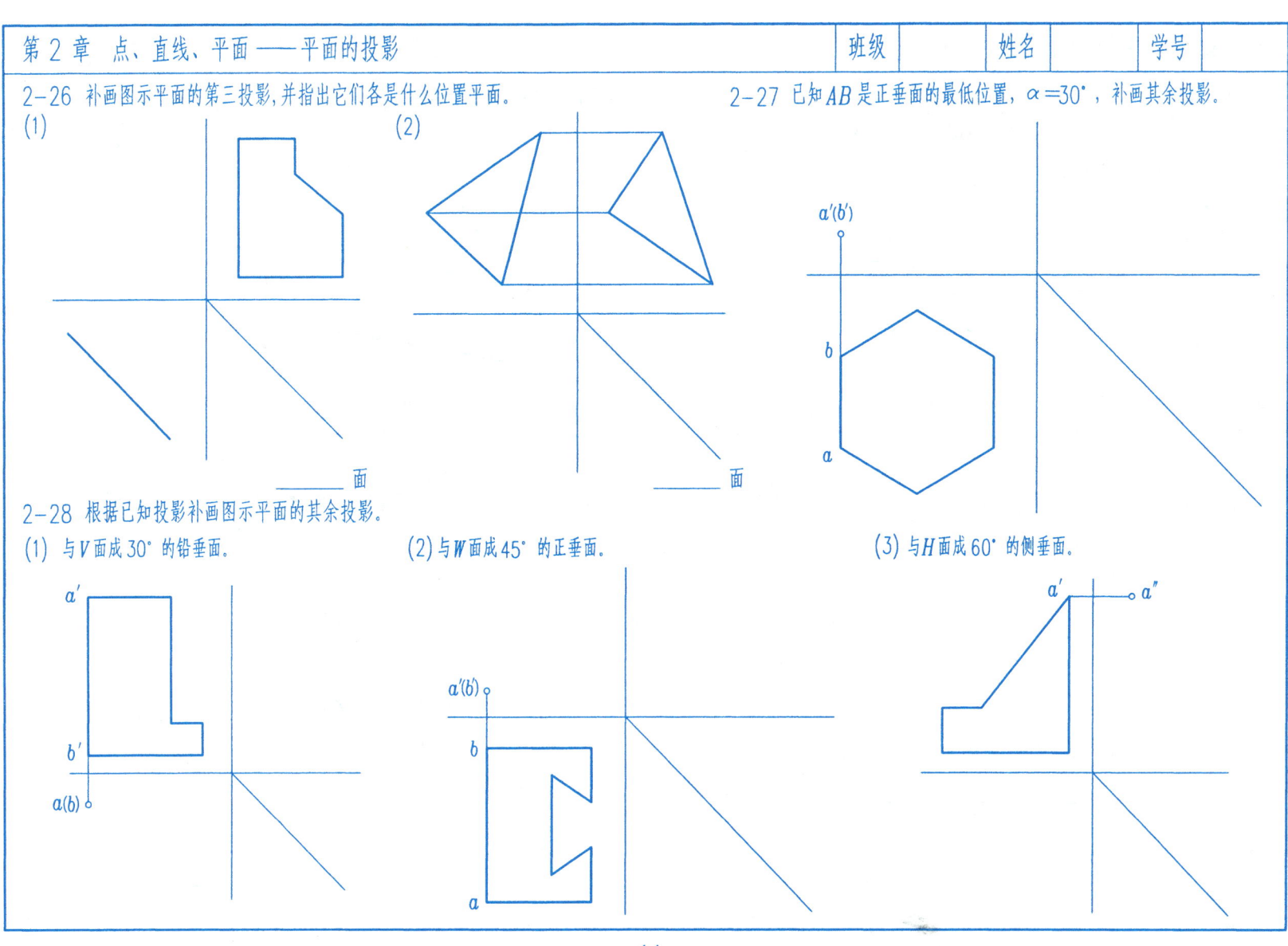

第 2 章 点、直线、平面 —— 平面的投影	班级	姓名	学号

2-29 完成图示平面图形的投影。

(1) 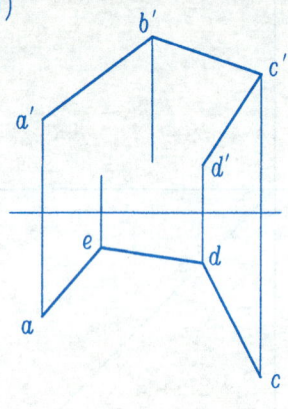　　(2) 已知 $ad \mathbin{/\mkern-2mu/} ox$。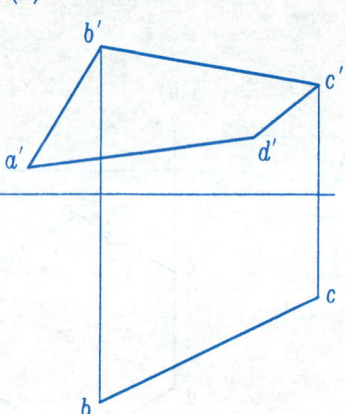

2-30 求作平面 ABC 与 V 面、H 面的倾角。

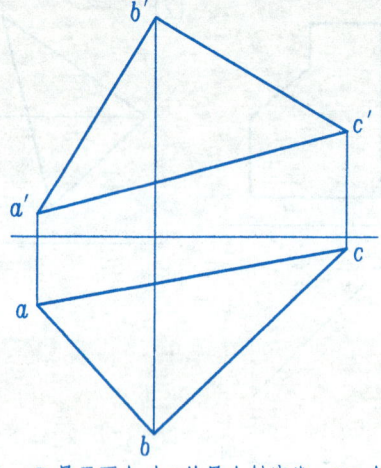

2-31 已知三角形 ABC 对 V 面的倾角为 30°，$bc \mathbin{/\mkern-2mu/} ox$，试完成其投影。

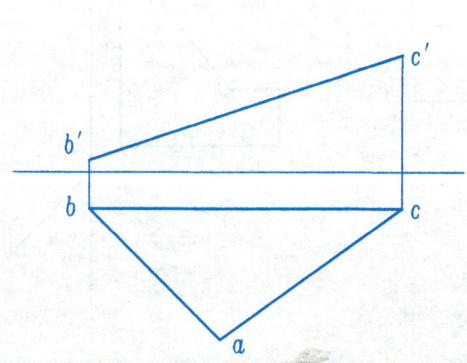

2-32 已知 AB 是平面上对 H 的最大斜度线，CD 在平面上，求 $c'd'$。

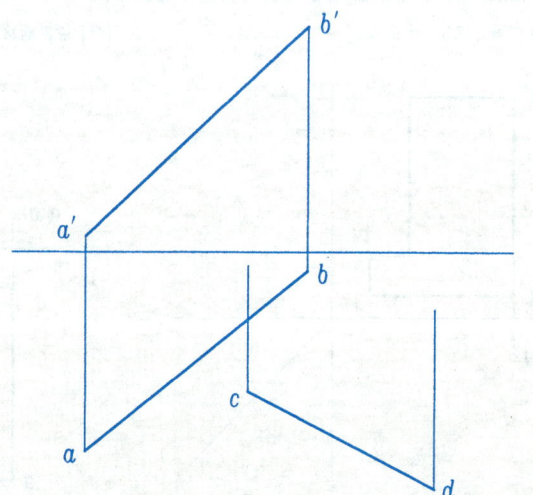

第 3 章 直线、平面的相对关系——平行关系

3-1 判别直线与平面是否平行。

3-2 已知 DE 平行于平面 ABC，求作 de。

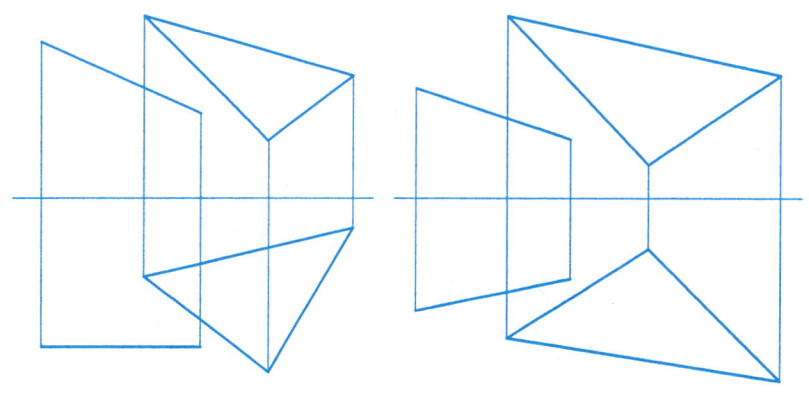
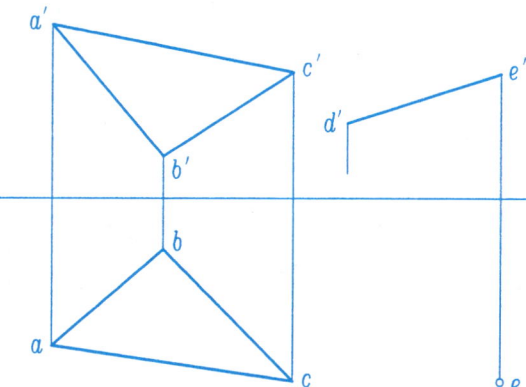

3-3 过 K 点作一平面，使其与 AB、CD 都平行。

3-4 已知三角形 ABC 平行于直线 DE，求作其正面投影。

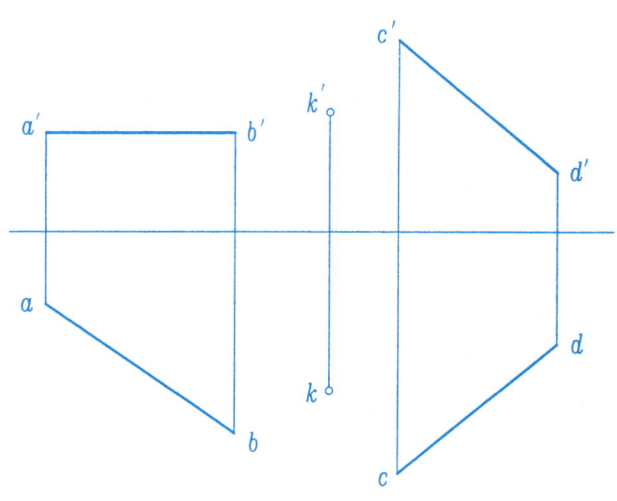
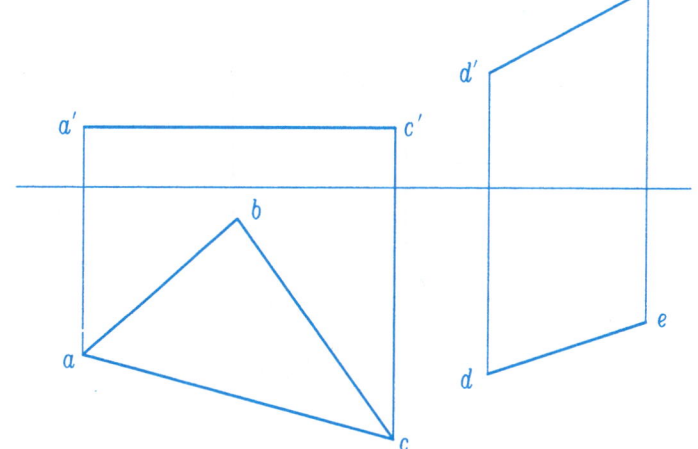

第 3 章 直线、平面的相对关系——平行关系

3-5 判别两平面是否平行。
(1)　　　　　　(2)

3-6 已知平面 DEFG // 平面 ABC,求作其正面投影。

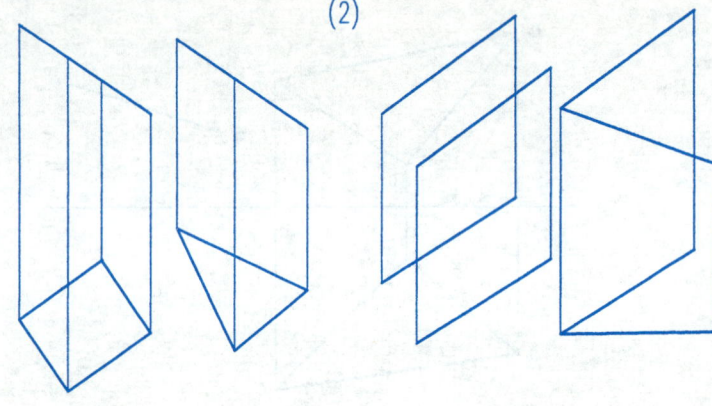

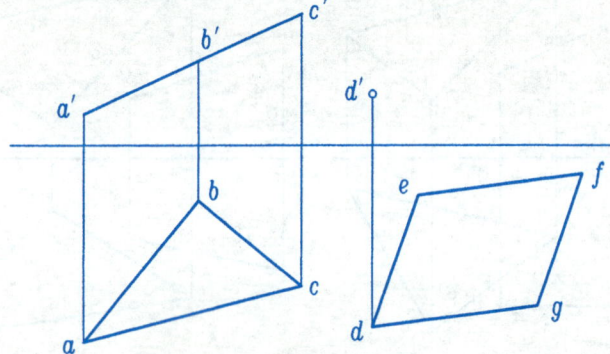

3-7 已知三角形 ABC 与直线 DE、FG 都平行,补画其水平投影。

3-8 已知直线 KL 平行于两平行线所示的平面,试含 KL 作一与该面平行的平面。

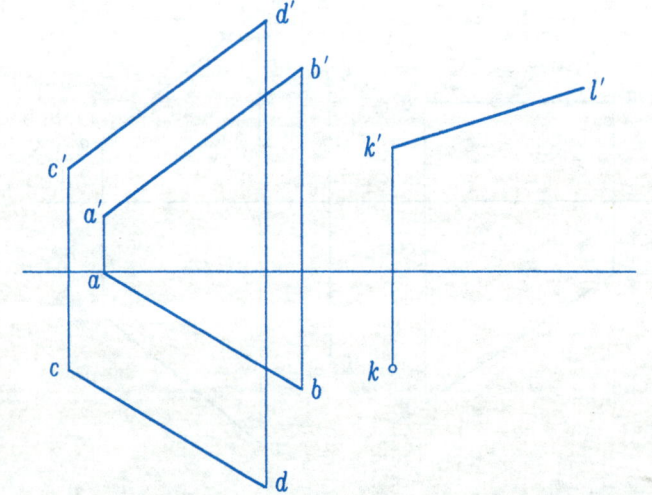

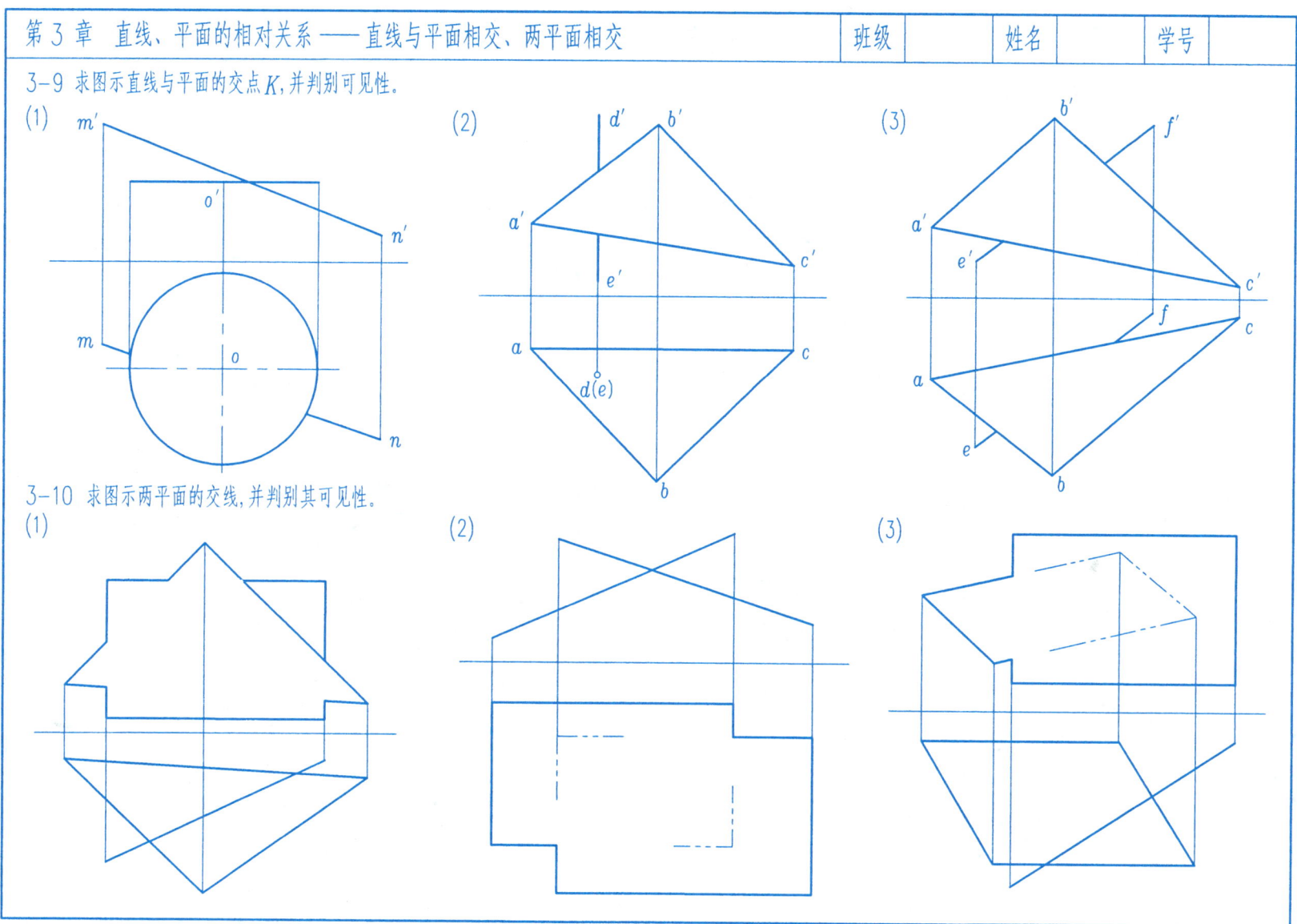

第3章 直线、平面的相对关系——直线与平面相交、两平面相交

3-11 求图示两平面的交线,并判别其可见性。

(1)　　(2)

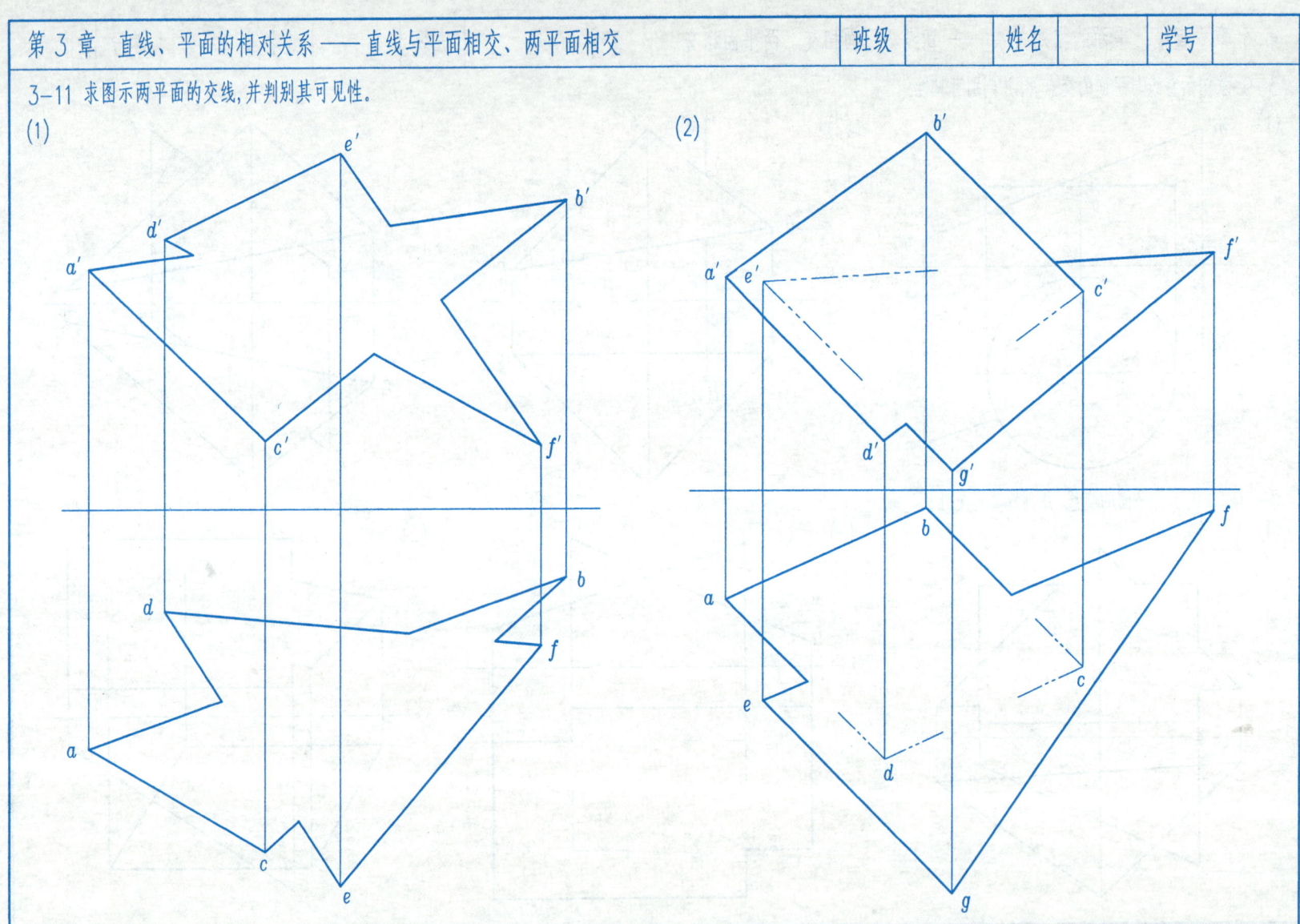

第 3 章 直线、平面的相对关系——直线与平面相交、两平面相交

3-12 求图示两平面的交线。

3-13 求图示两平面的交线。

3-14 求图示三平面的交点。

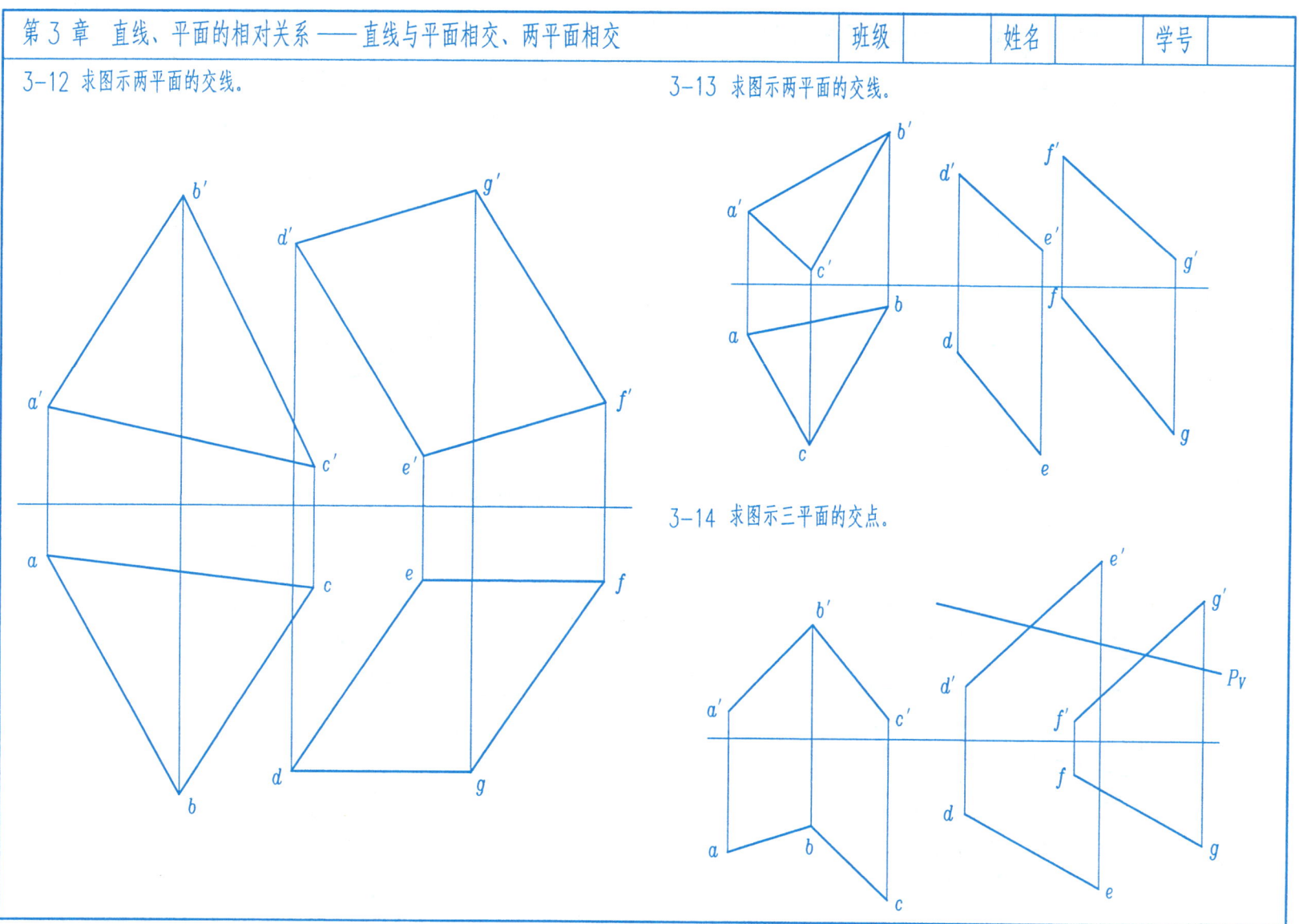

第 3 章 直线、平面的相对关系——直线与平面垂直、两平面垂直

3-15 求 K 点到平面 ABC 的垂足及距离。

(1)

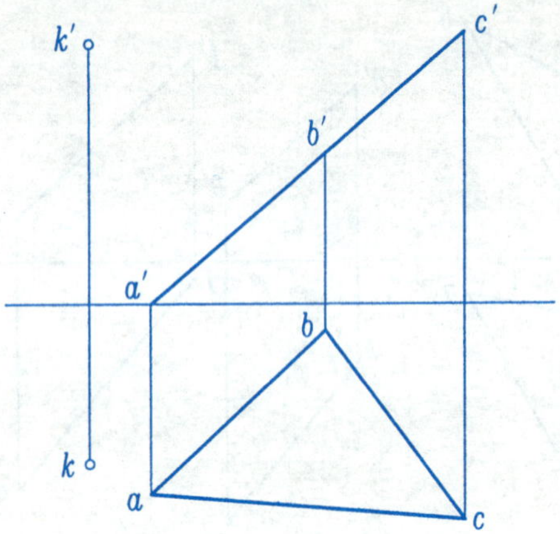

(2)

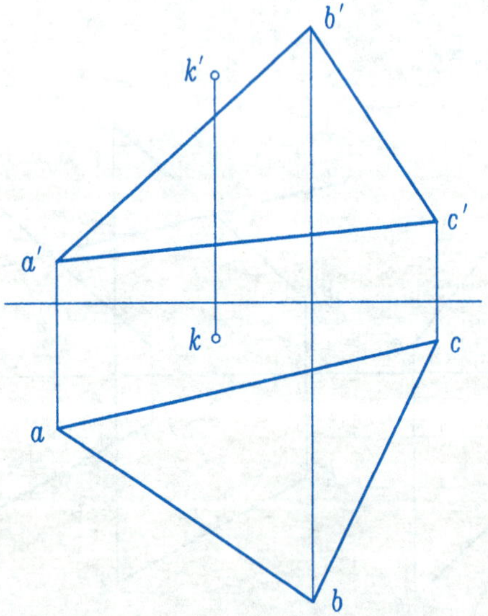

3-16 已知直线 AB、CD 垂直相交，求作 a'b'。

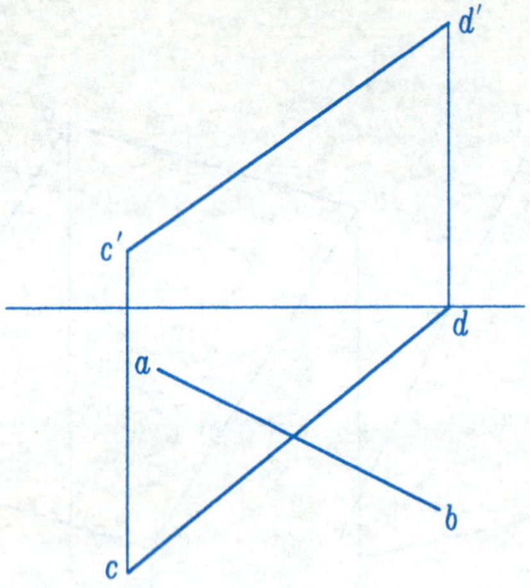

3-17 求 A 点到直线 BC 的垂足及距离。

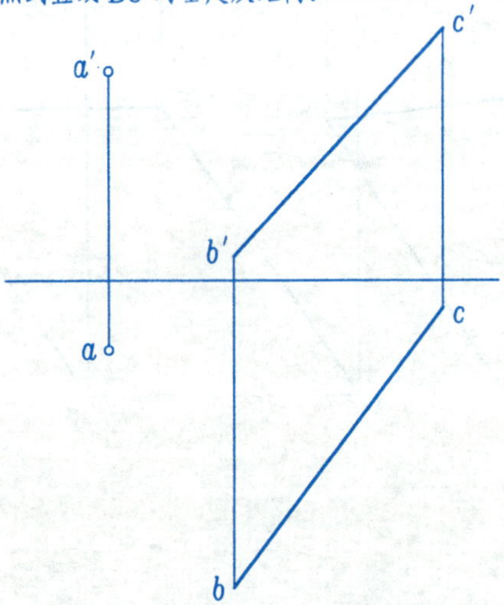

第 3 章 直线、平面的相对关系——综合问题举例

3-18 过 K 点作直线与两交叉直线 AB、CD 都相交。

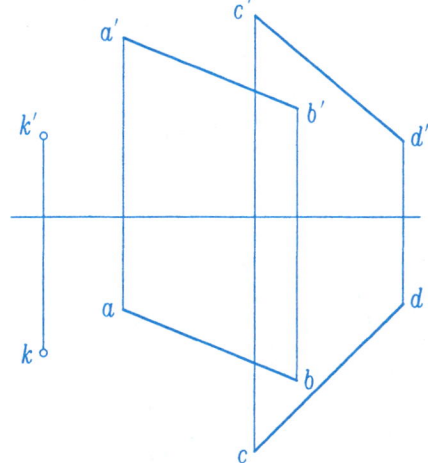

3-19 作直线 MN//AB，且与 CD、EF 都相交。

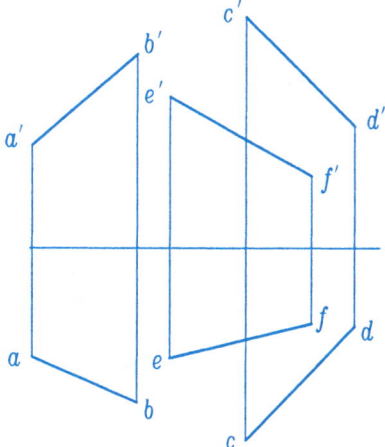

3-20 已知三角形 ABC 垂直于 EF，求作其水平投影。

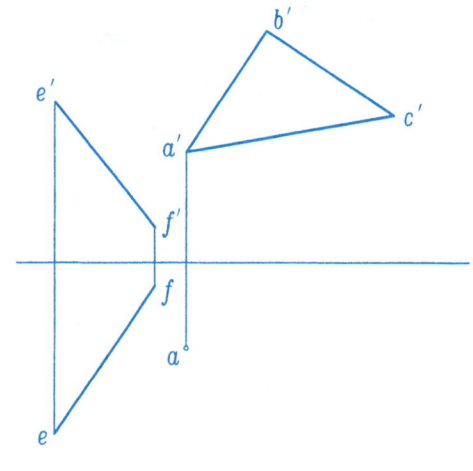

3-21 求作三角形 ABC，使 AC=AB，且 C 点在 BM 上。

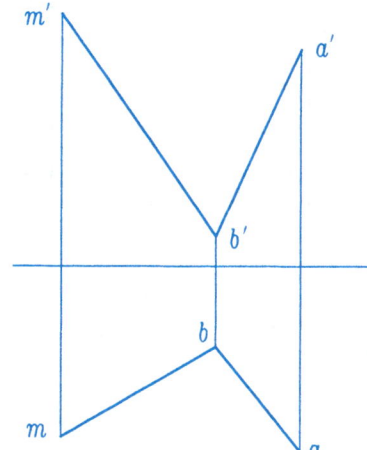

第 3 章 直线、平面的相对关系——综合问题举例　　班级　　姓名　　学号

3-22 求作菱形 ABCD，使 BD 为其对角线，且 A 点在 EF 上。

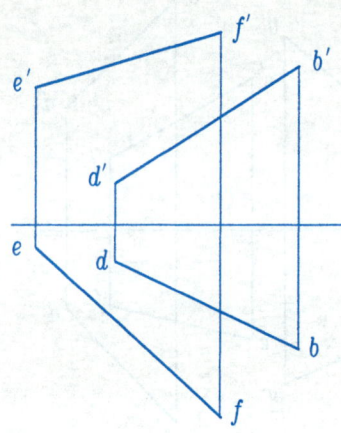

3-23 过 K 点作平面 KMN，使其与平面 ABC 和平面 DEFG 都垂直。

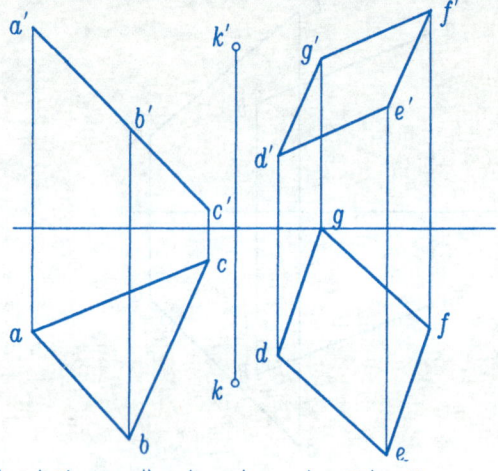

3-24 过 E 作直线 ED，使与线段 EF 垂直，且平行于平面 ABC。

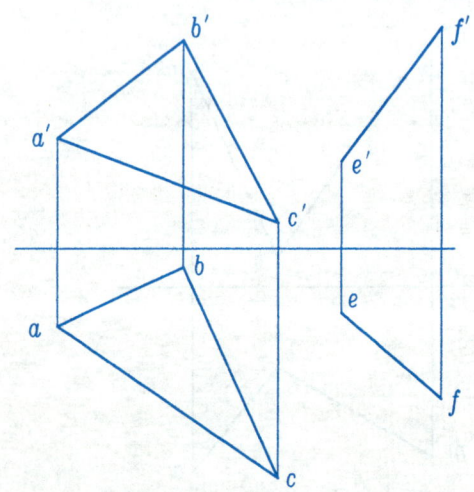

3-25 求作三角形 ABC，使 B 在 FG 上、C 在 H 面上，且 AB、DE 相交，BC 是平面 ABDE 对 H 面的最大斜度。

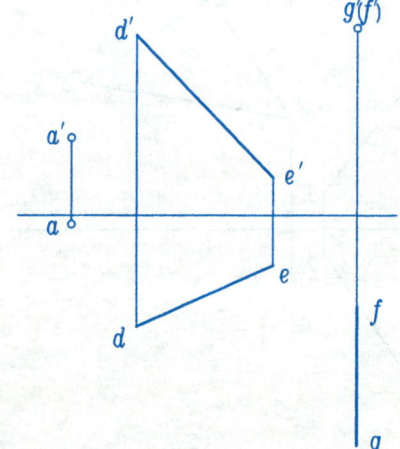

| 第 4 章 投影变换——换面法 | 班级　　　姓名　　　学号 |

4-1 求线段 AB 的实长及对 V 面的倾角。

4-2 已知直线 DE 平行于平面 ABC，间距为 8，求 $d'e'$。

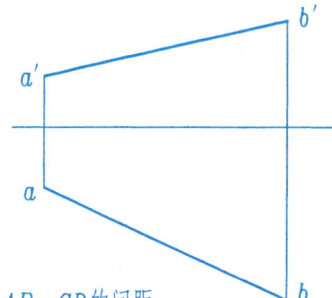

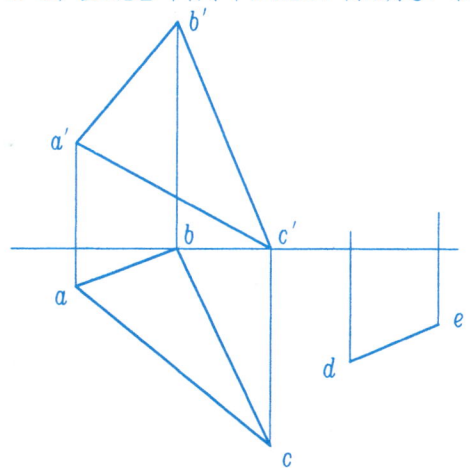

4-3 求两平行线 AB、CD 的间距。

4-4 求点 M 到平面 ABC 的垂足及间距。

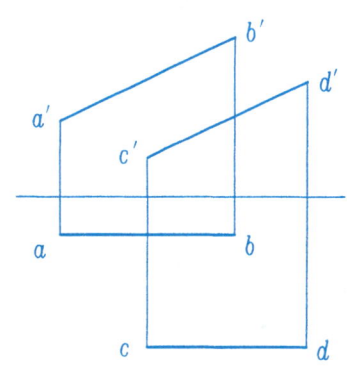

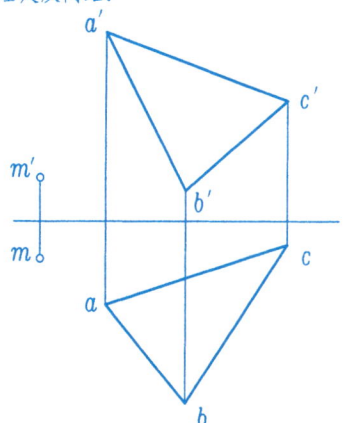

| 第 4 章 投影变换——换面法 | 班级 | 姓名 | 学号 |

4-5 在图示平面上找一点 D，使其距 AB、AC 都等于 20。

4-6 求作交叉直线 AB、CD 的公垂线。

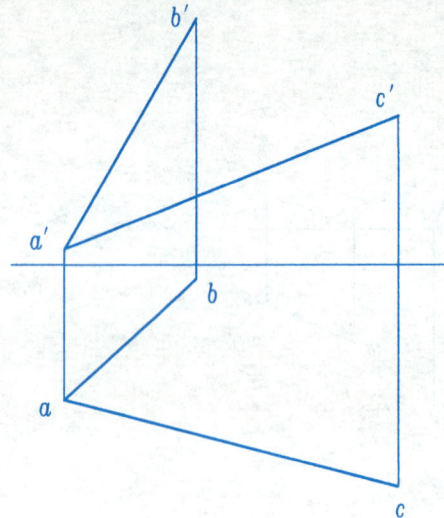

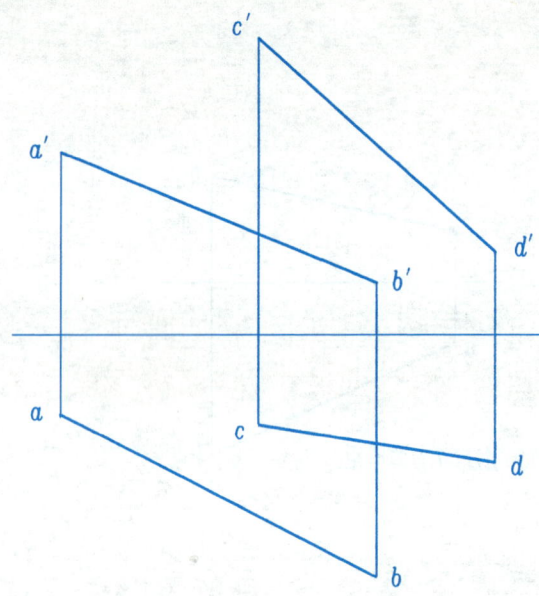

第 4 章 投影变换——换面法

4-7 求作正方形 ABCD，使 BC 边在 KM 上。

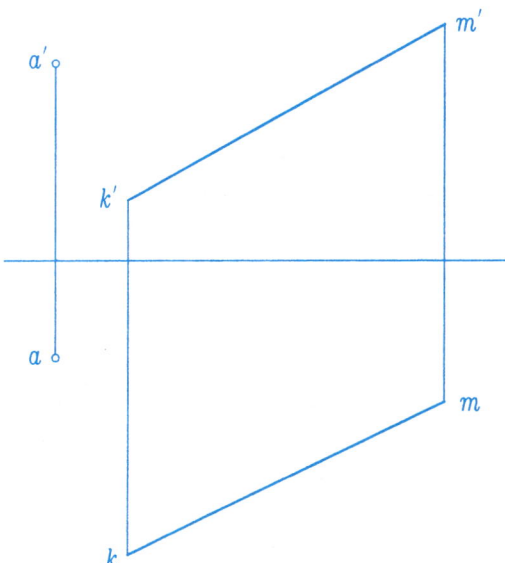

4-8 求图示两平面间的夹角。

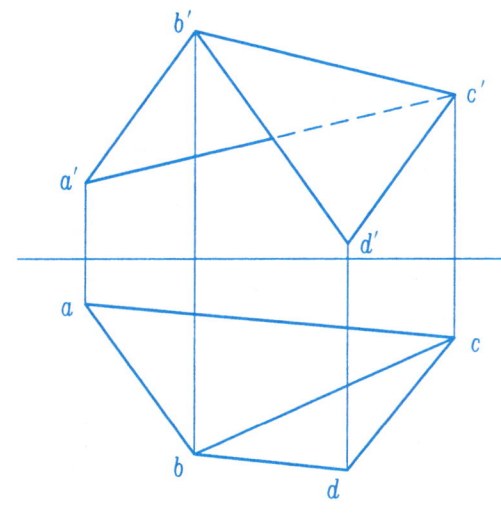

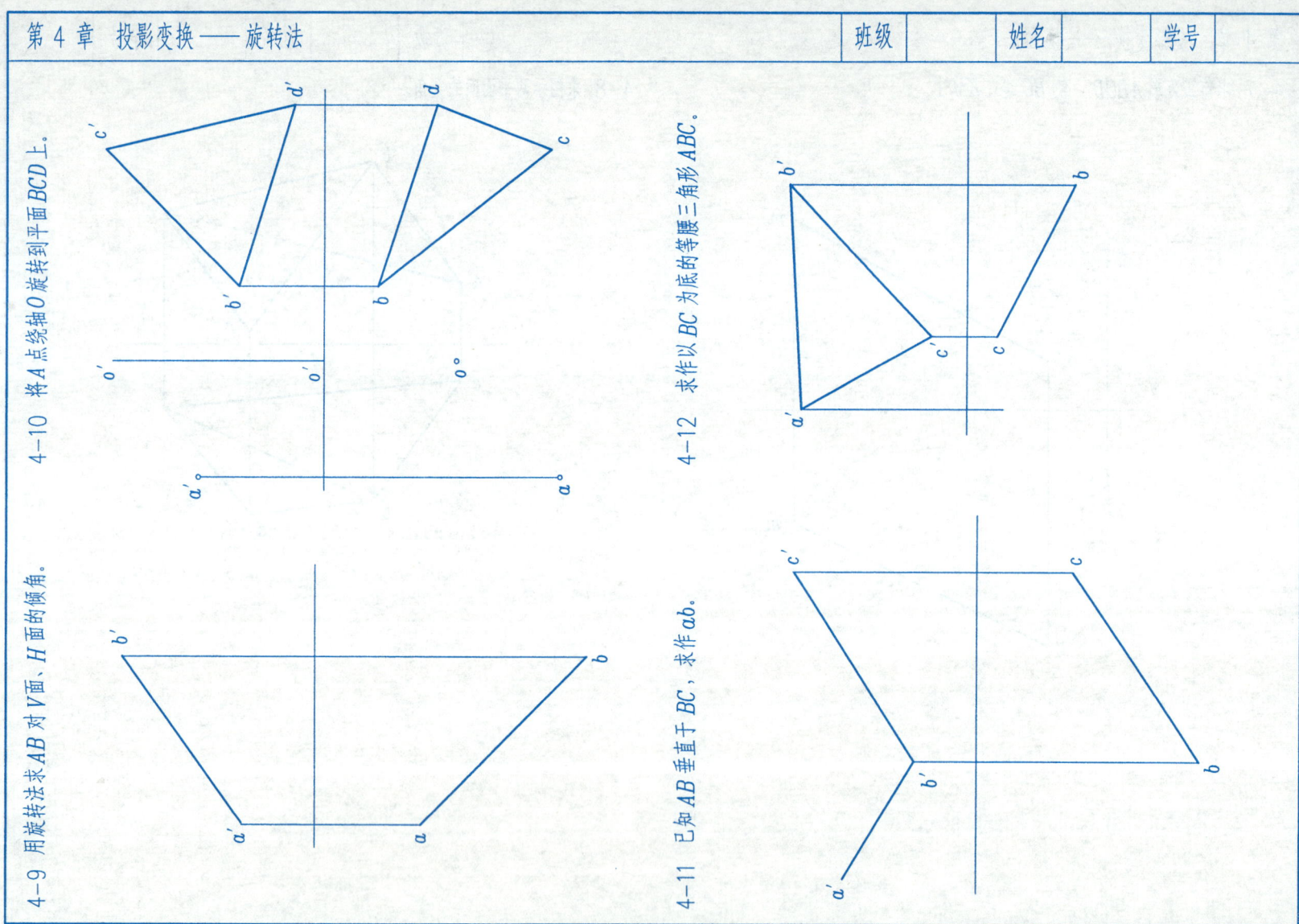

| 第 5 章 曲线与曲面——曲线 | 班级 | 姓名 | 学号 |

5-1 已知圆的正面投影，求作水平投影和侧面投影。

5-2 已知圆 O 对 V 面倾角 $50°$，其直径 $AB \perp CD$，且 $ab // x$ 轴，求作圆的投影。

| 第 5 章 曲线与曲面 —— 曲线 | 班级 | 姓名 | 学号 |

5-3 已知导圆柱直径 D、导程 P_h，求作右向螺旋线的投影。

5-4 已知导圆柱直径 D、导程 P_h，求作左向螺旋线的投影。

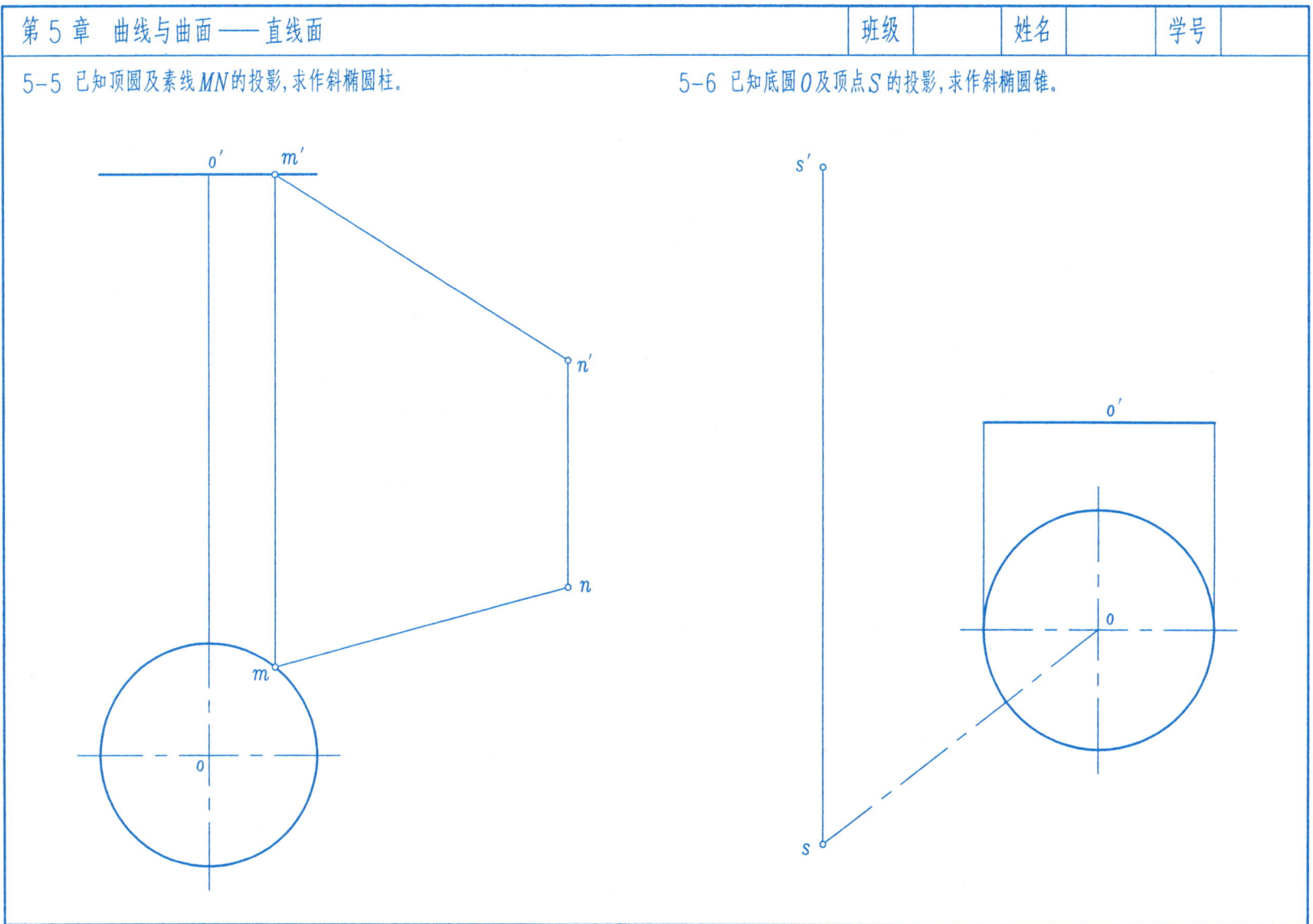

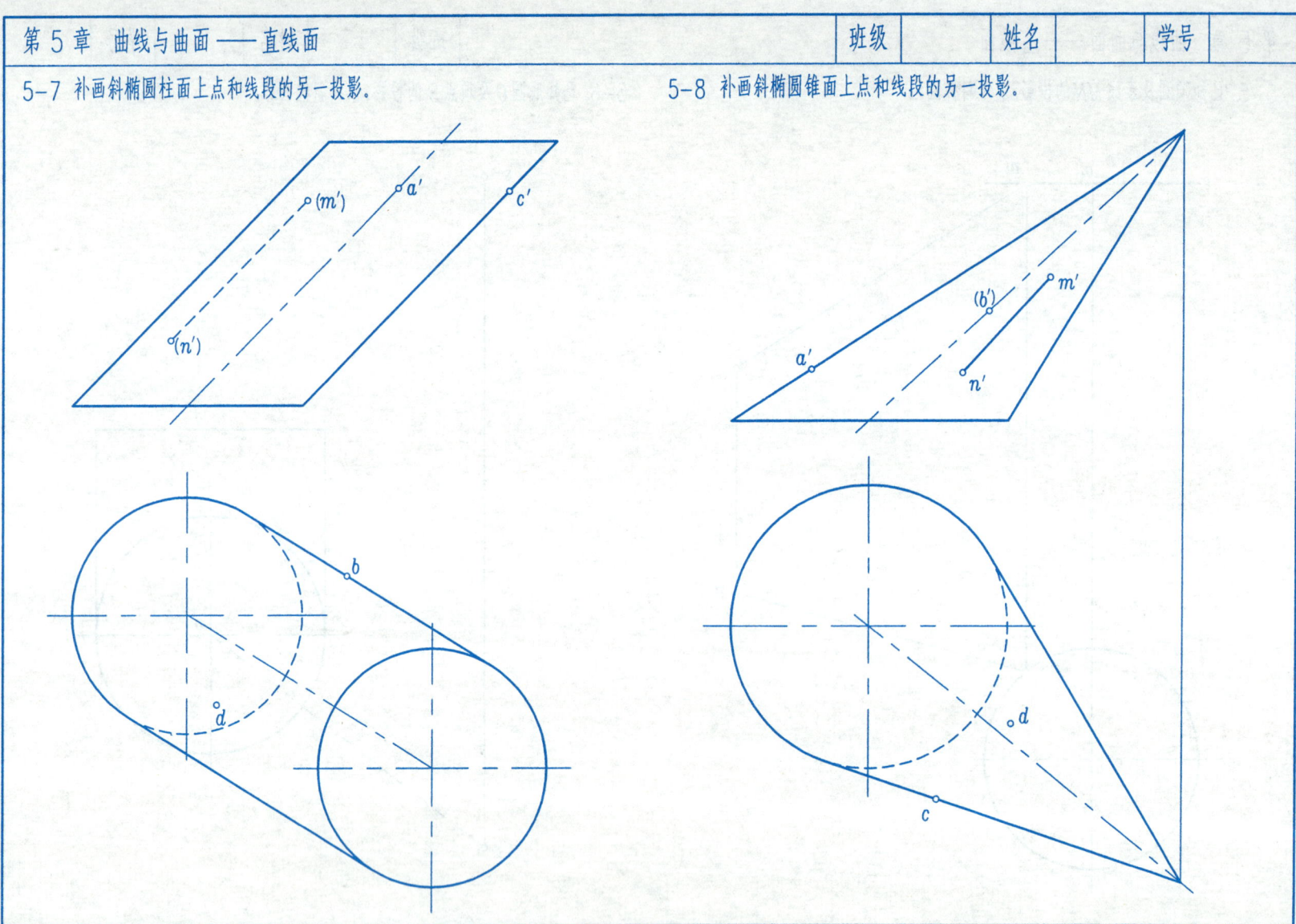

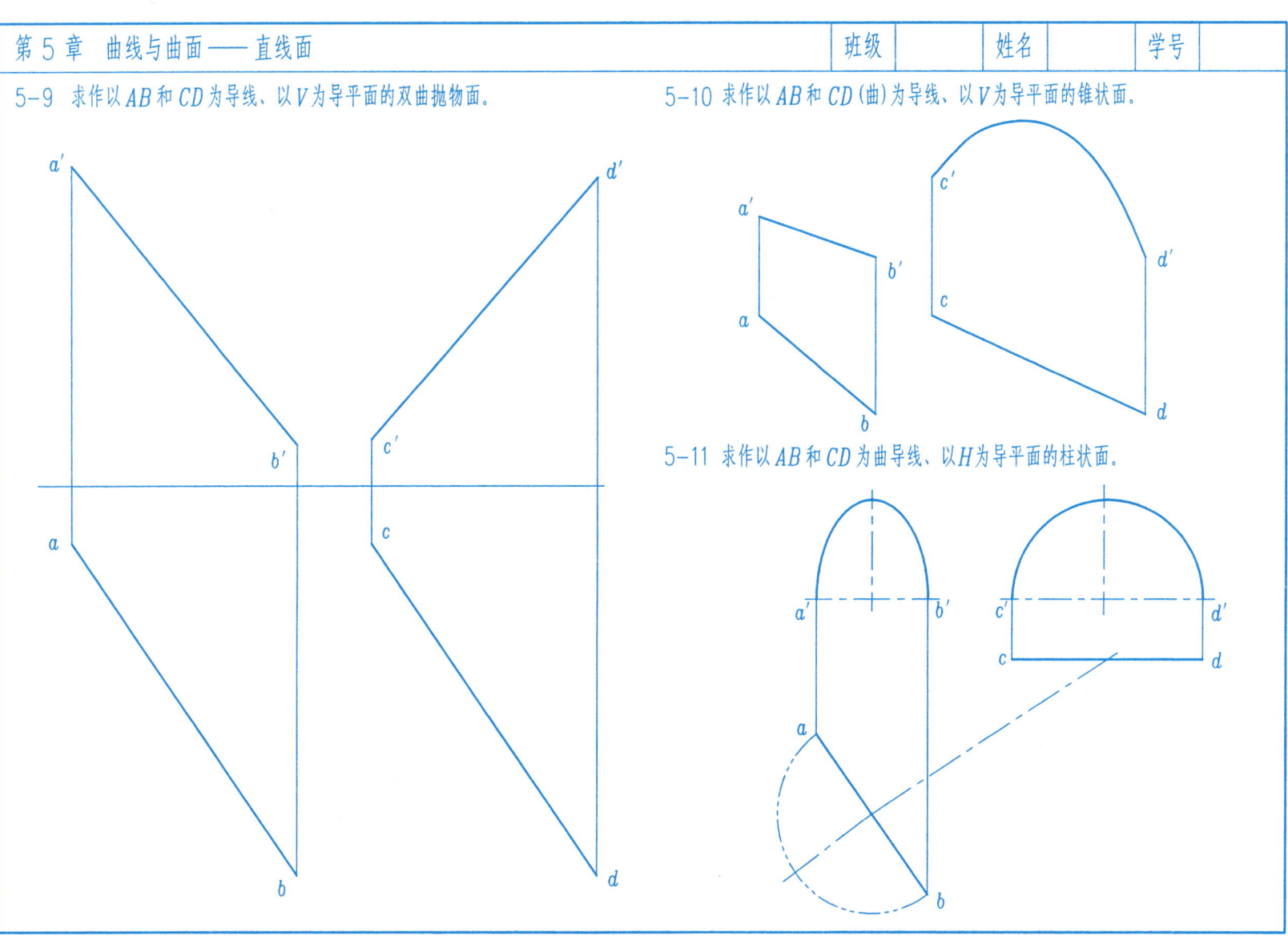

第 5 章 曲线与曲面——直线面

5-12 求作直母线 AB 以图示圆柱的右螺旋线为导线所形成的正螺旋面。

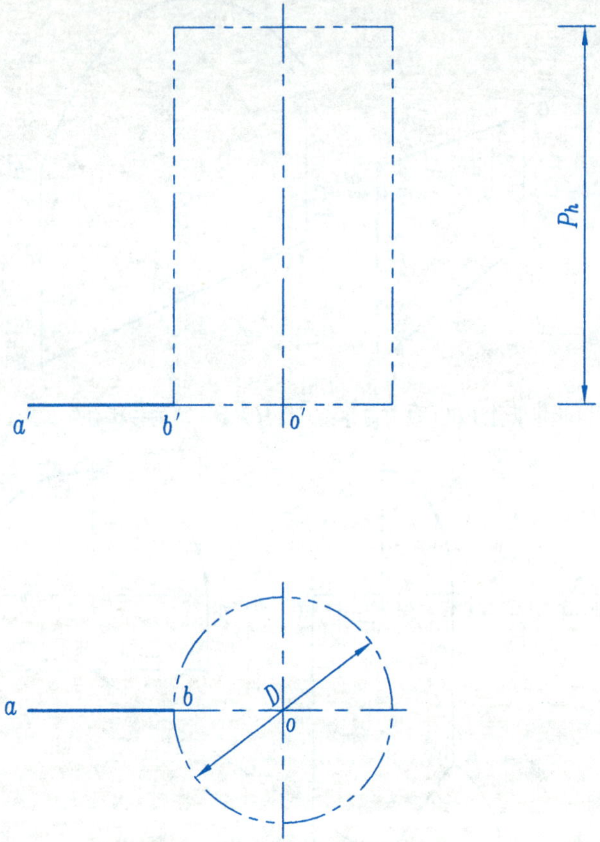

5-13 求作直母线 AB 绕铅垂轴旋转形成的单叶双曲回转面。

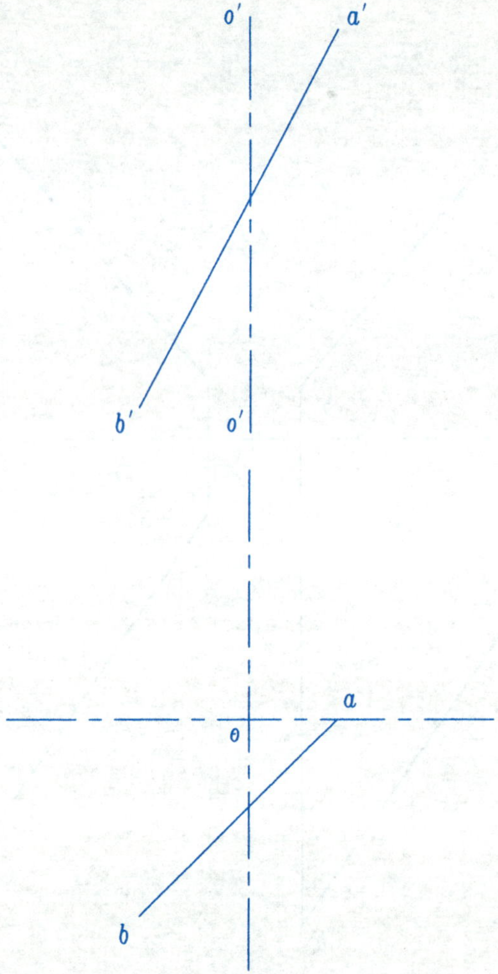

第 6 章 立体的投影——平面立体

6-1 补画立体的第三面投影，并补全图示各点的投影。
(1) 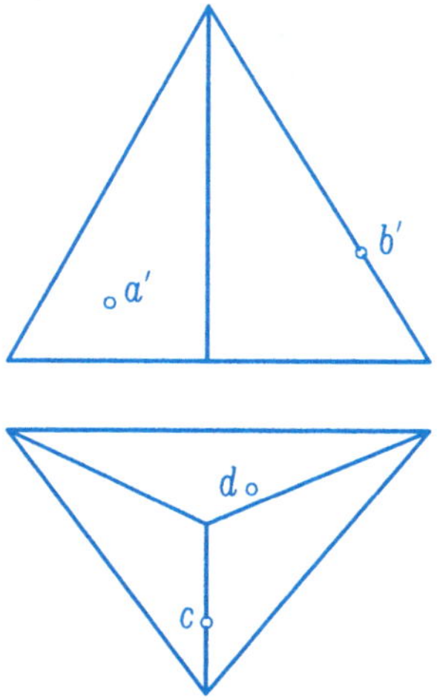
(2)

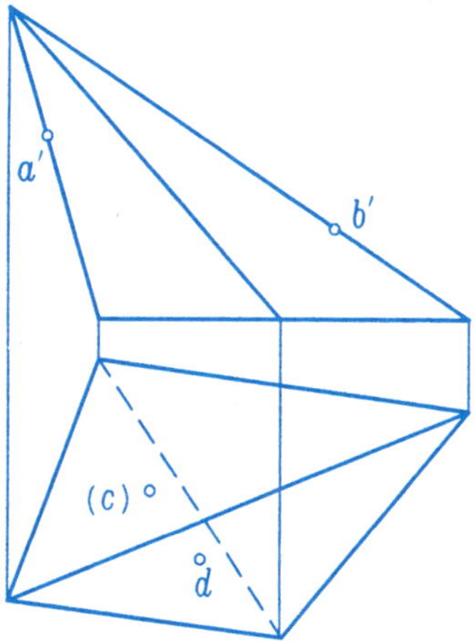

6-2 补画立体的第三面投影，并补全图示线段的投影。
(1) 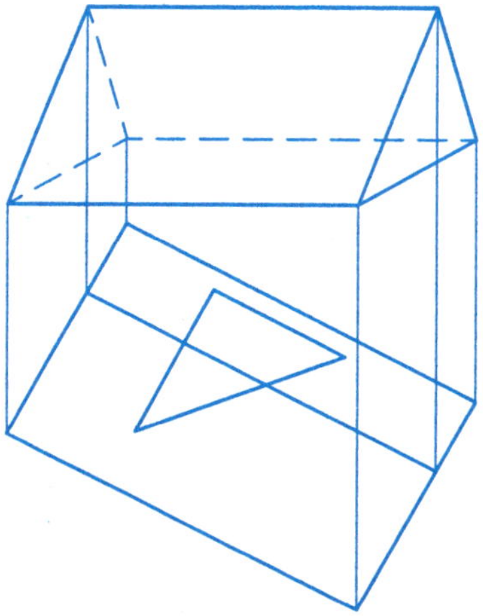
(2)

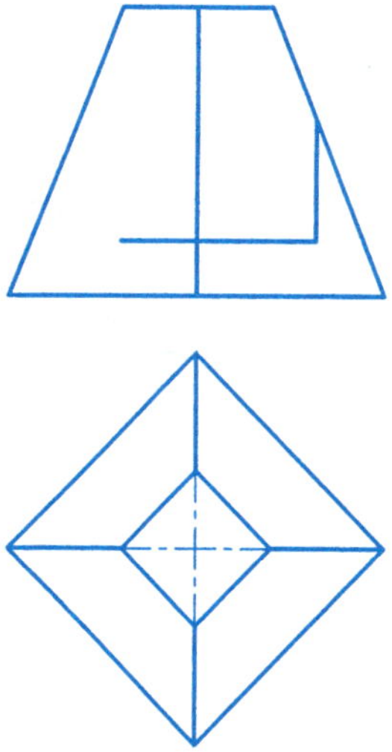

第 6 章 立体的投影——曲面立体

6-3 补画形体表面上各点、线的其余投影。

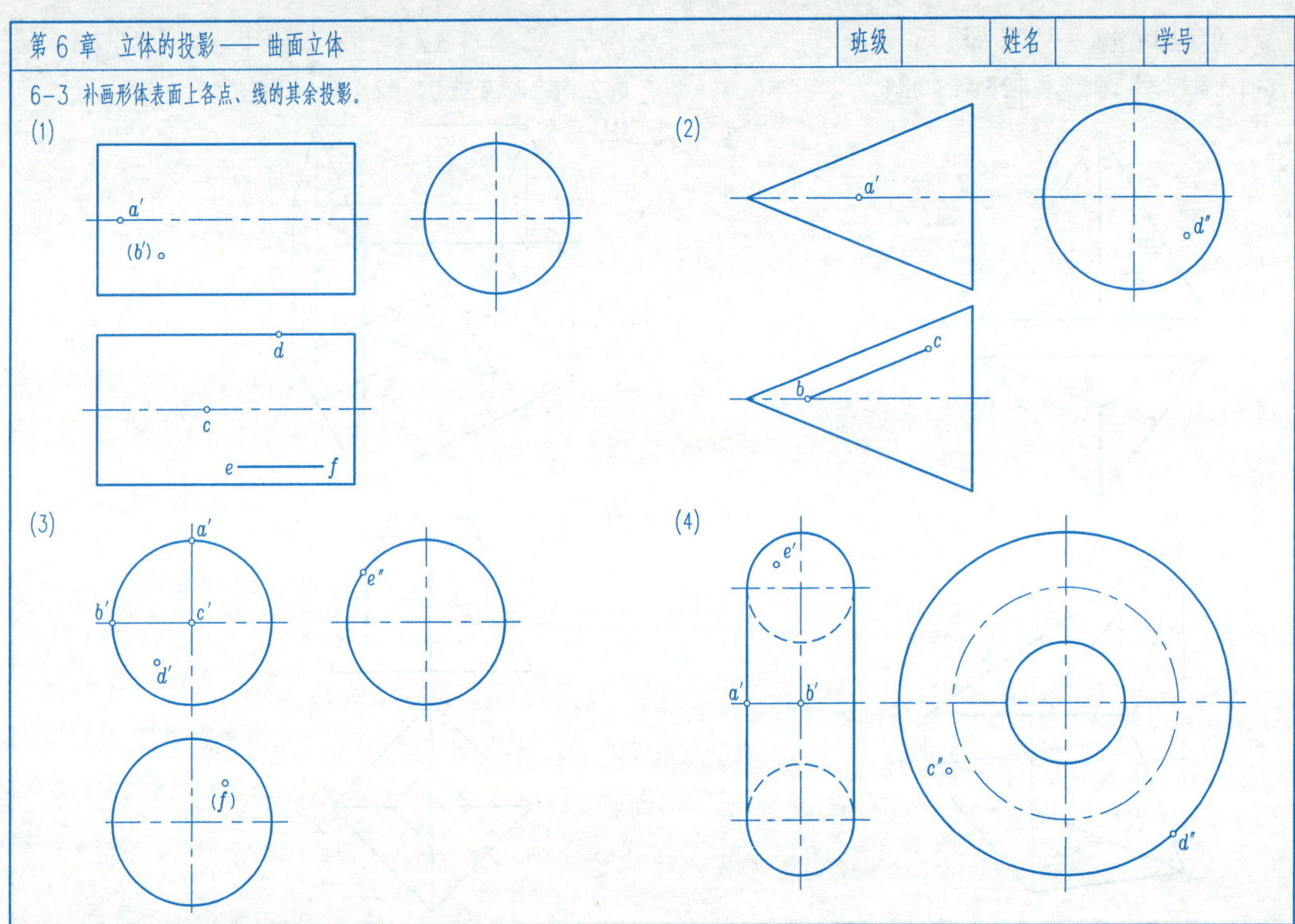

第6章 立体的投影——曲面立体

6-4 补画立体的第三面投影（注意比较各视图的异同）。

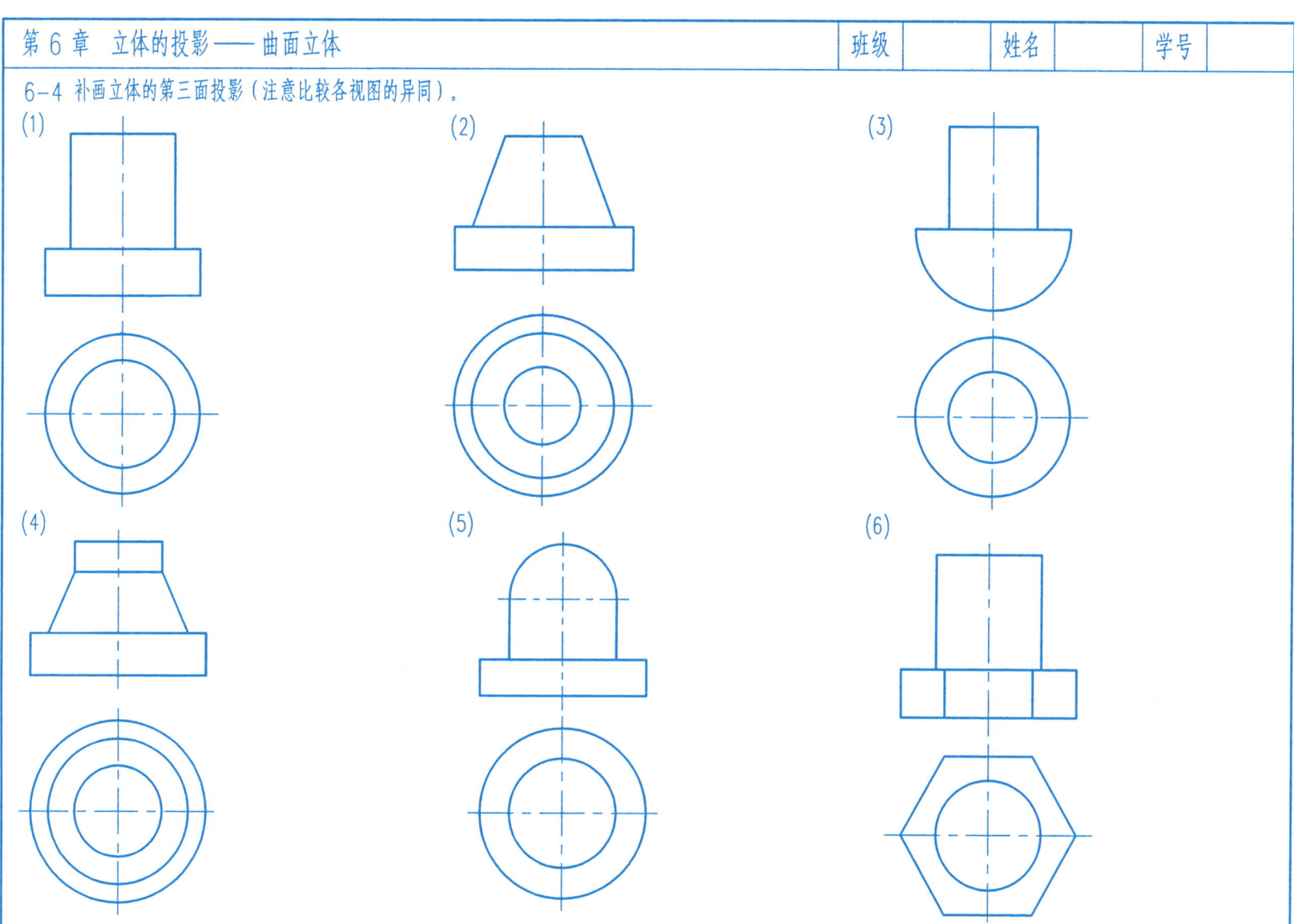

第7章 形体表面的交线——截交线

7-1 补画平面与形体表面的交线,并标出特殊点。

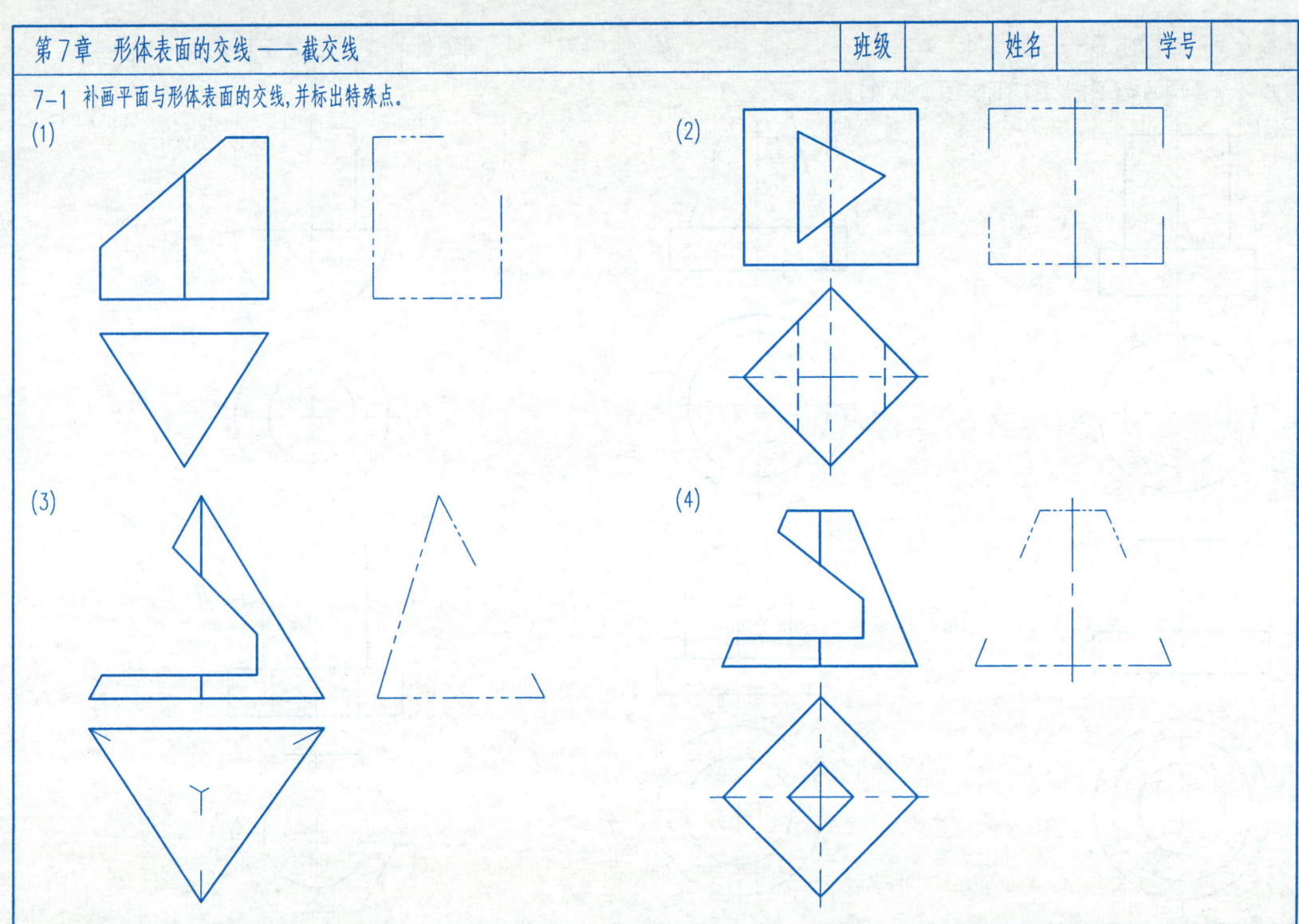

(1) (2) (3) (4)

— 34 —

第7章 形体表面的交线——截交线

7-2 补画平面与形体表面的交线,并标出特殊点。

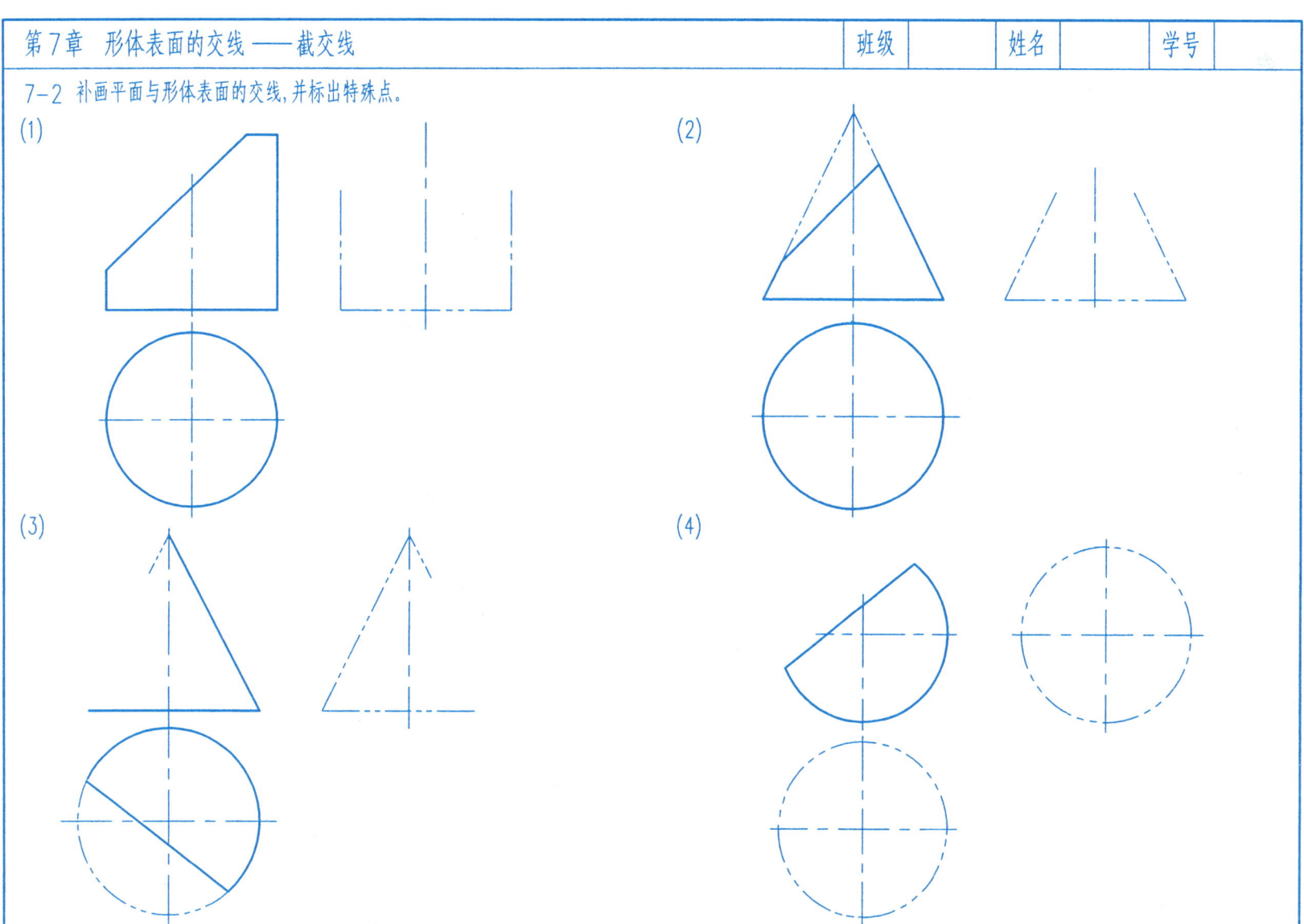

第7章 形体表面的交线——截交线　　班级　　姓名　　学号

7-3 补全形体上切口的投影。

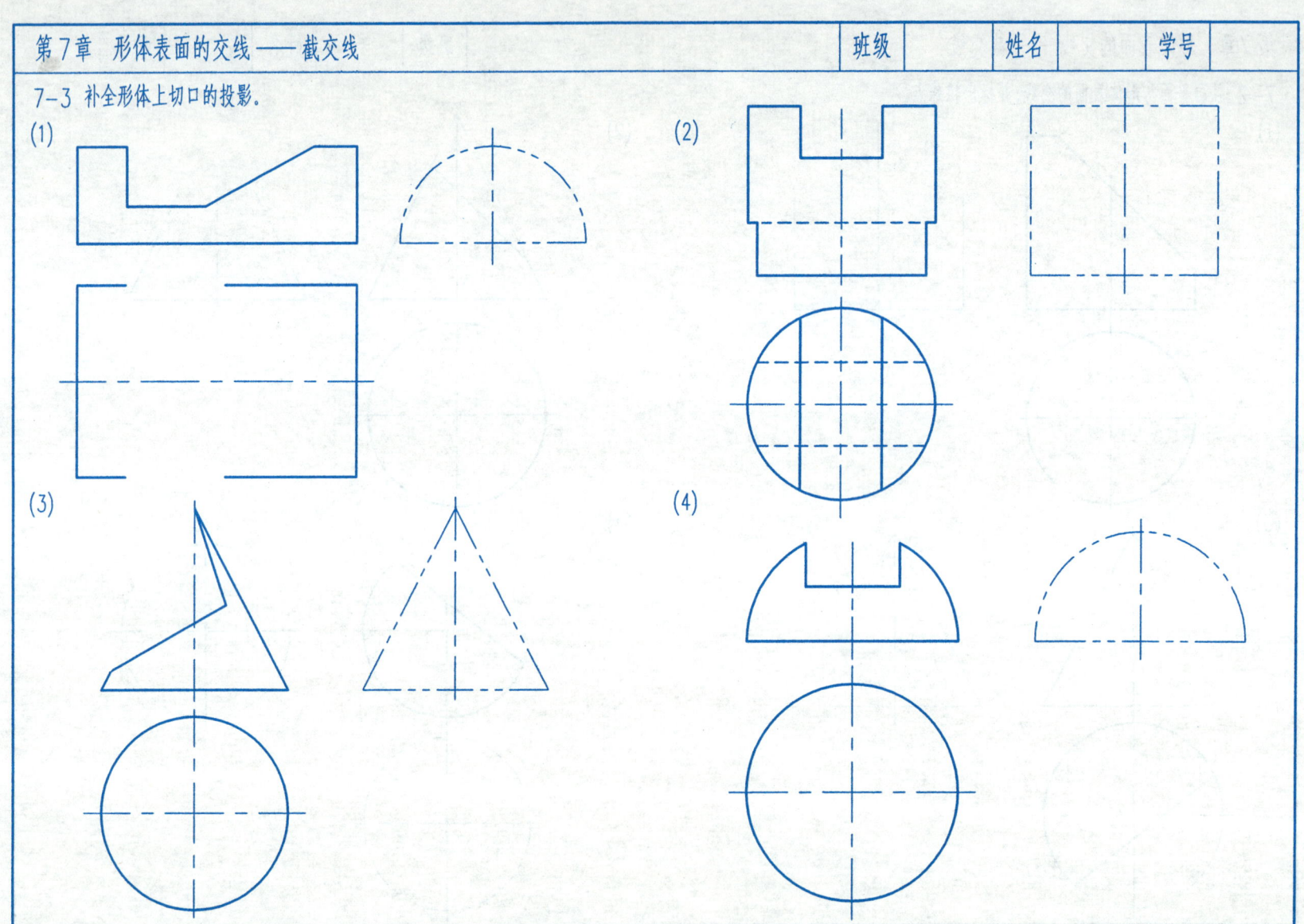

第7章 形体表面的交线——贯穿点

7-4 求作直线对形体的贯穿点，并判别可见性。

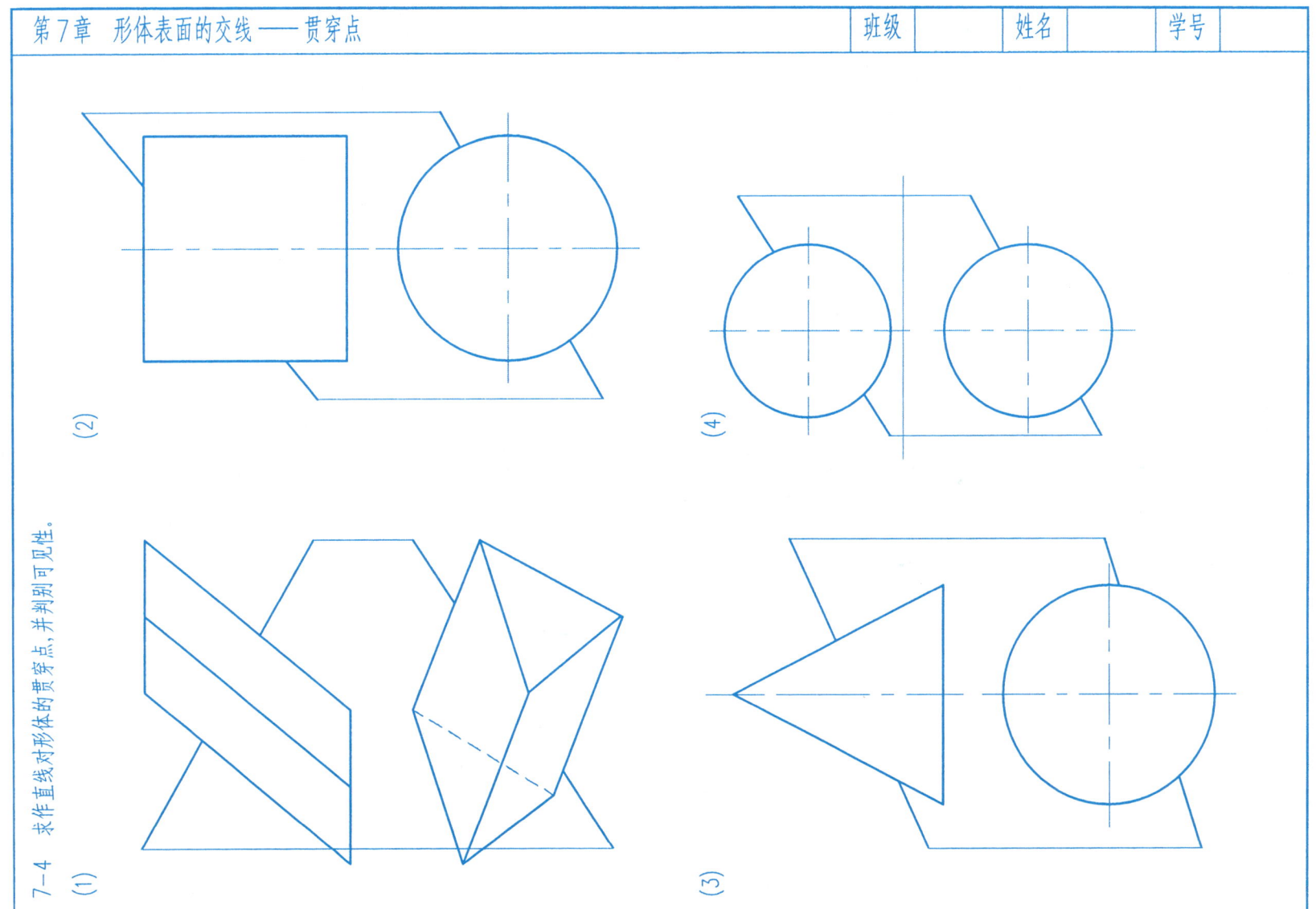

(1)　(2)　(3)　(4)

| 第 7 章　形体表面的交线——平面体相贯线 | 班级 | 姓名 | 学号 |

7-5 求作两平面体的相贯线，并标出特殊点。

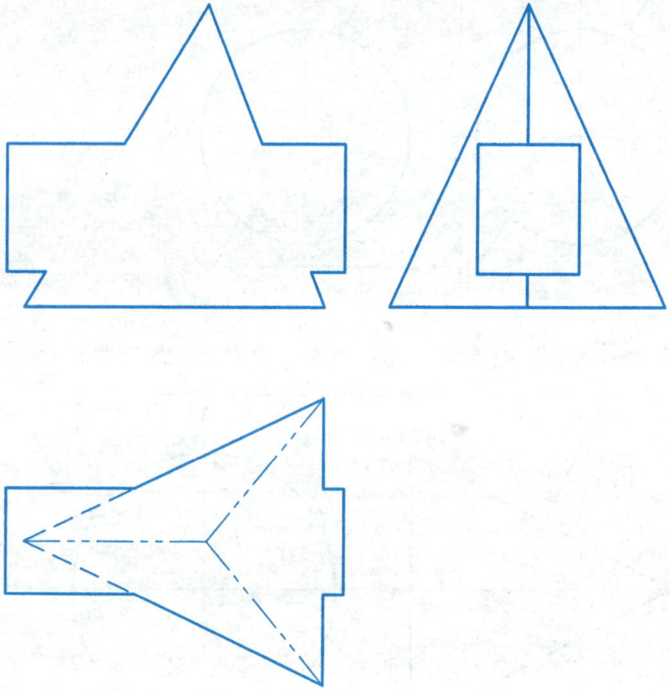

7-6 求作图示空心与实心两棱柱的相贯线，并标出特殊点。

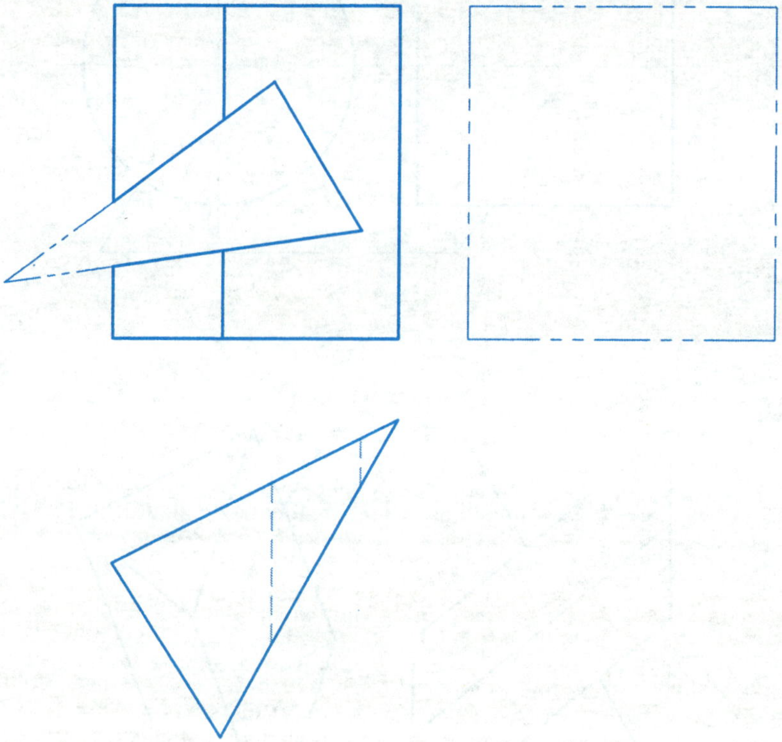

第 7 章 形体表面的交线——平面体相贯线

7-7 求作两相交形体的相贯线,并标出特殊点。

(1) (2)

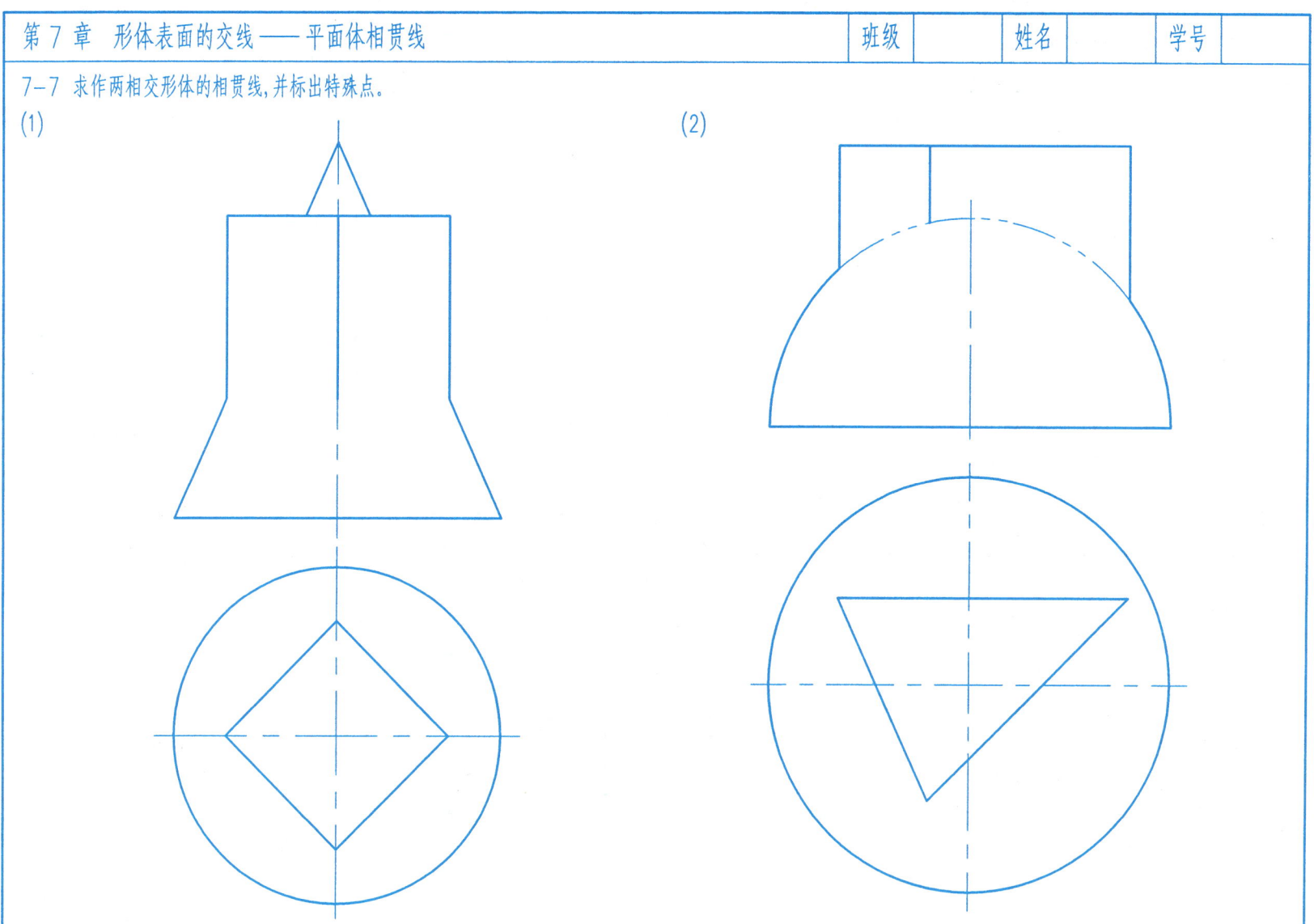

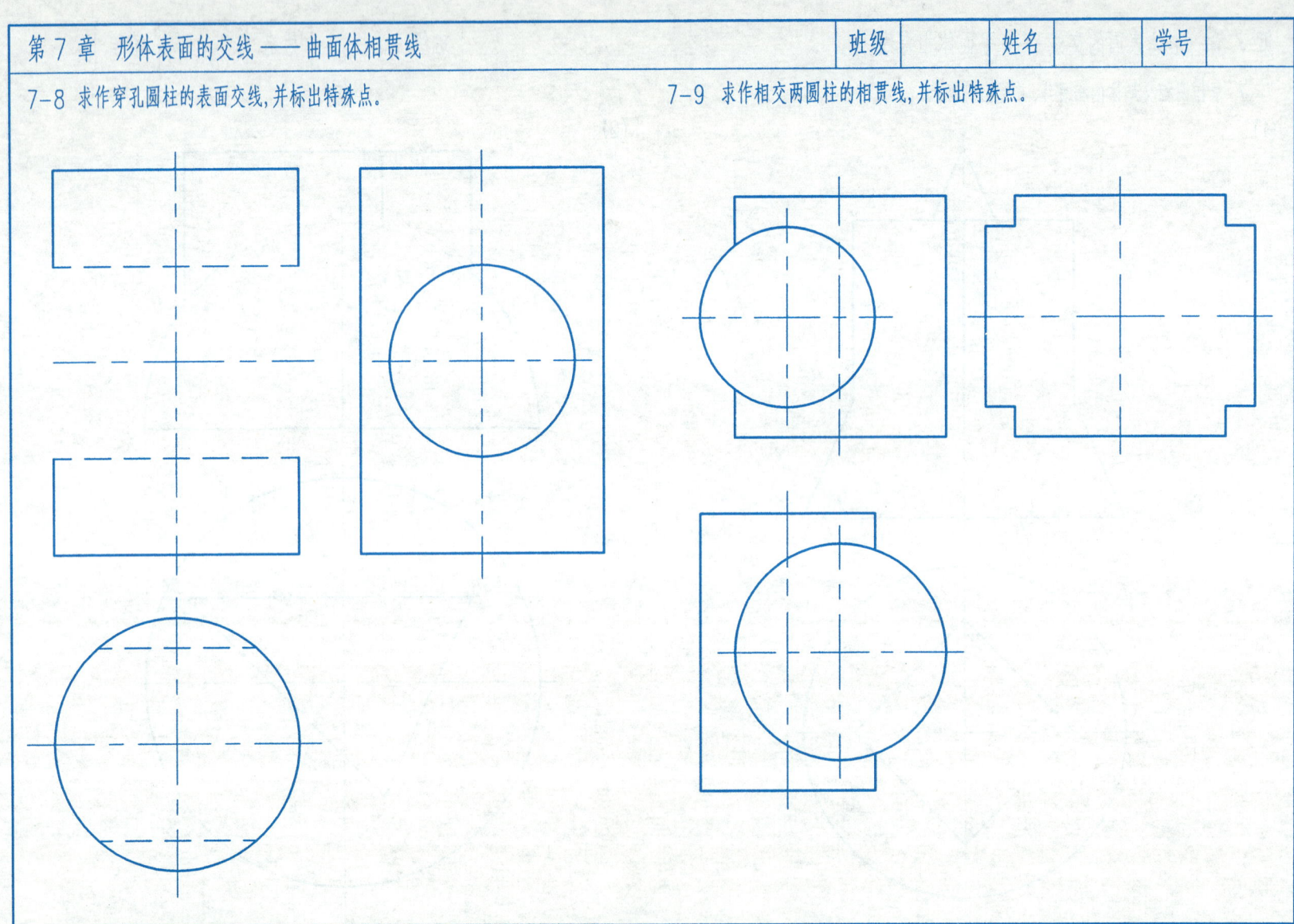

第 7 章 形体表面的交线——曲面体相贯线

7-10 求作圆柱与圆锥的相贯线,并标出特殊点。

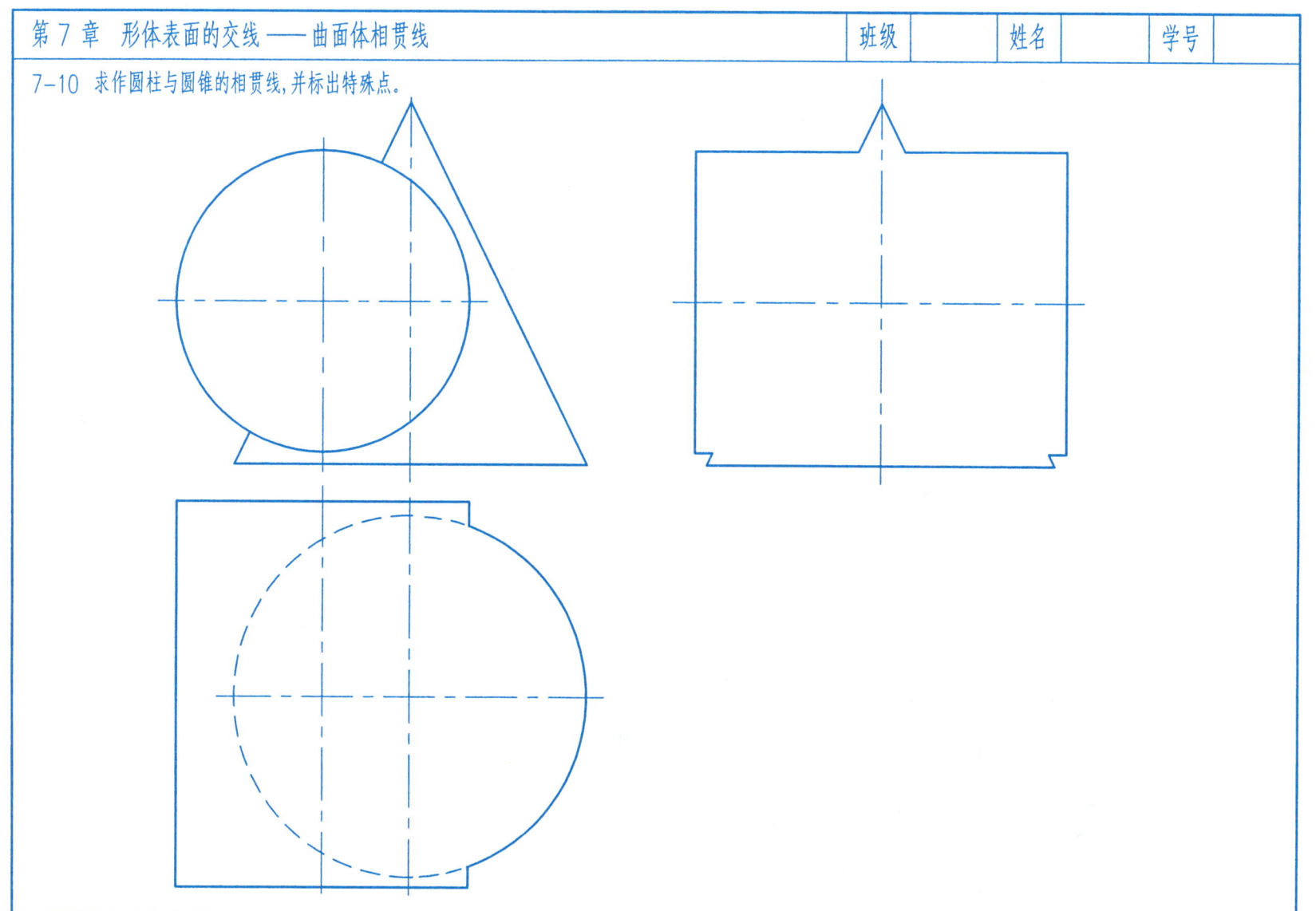

第 7 章 形体表面的交线——曲面体相贯线

7-11 求作两圆锥的相贯线，并标出特殊点。

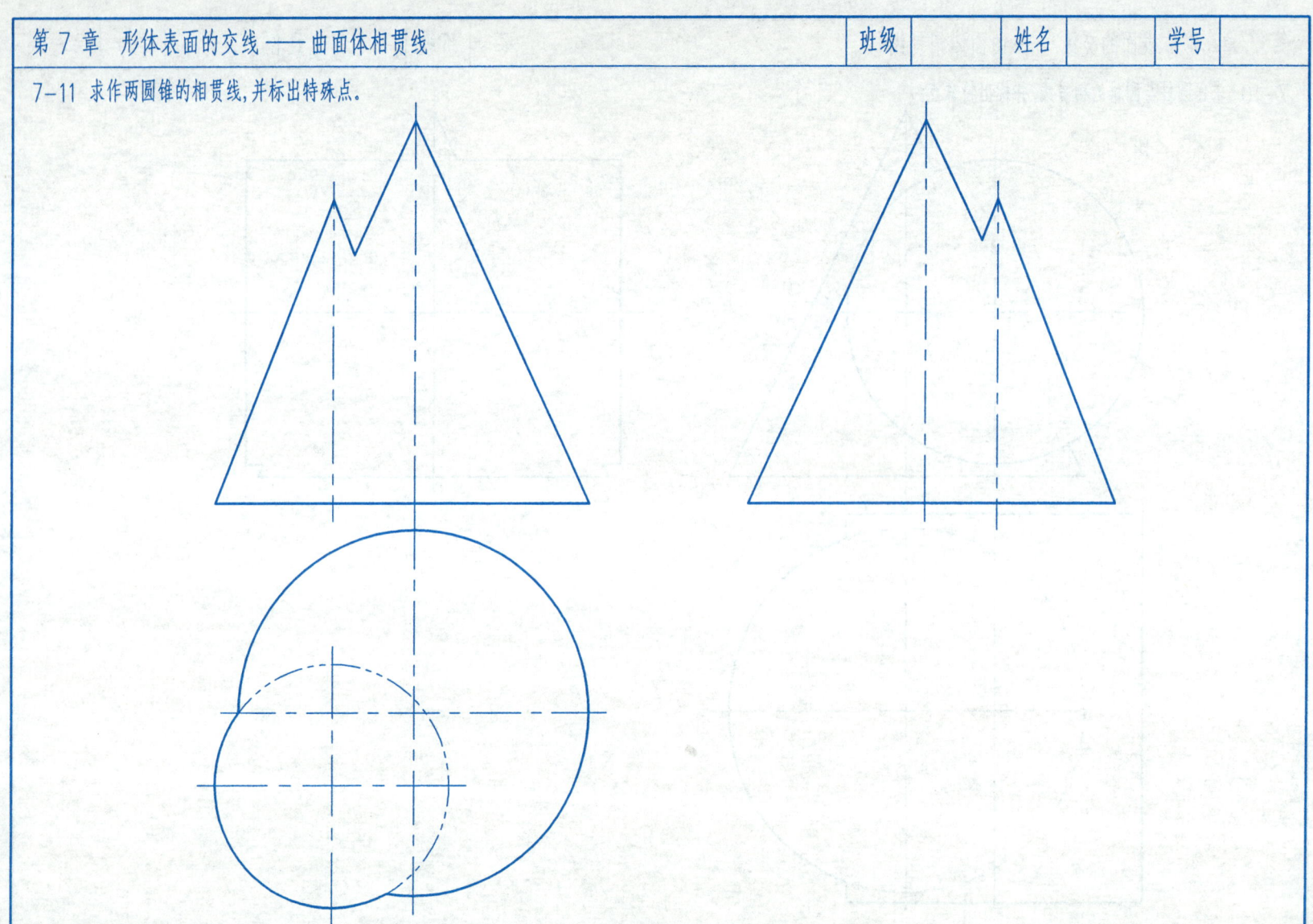

第 7 章 形体表面的交线——曲面体相贯线

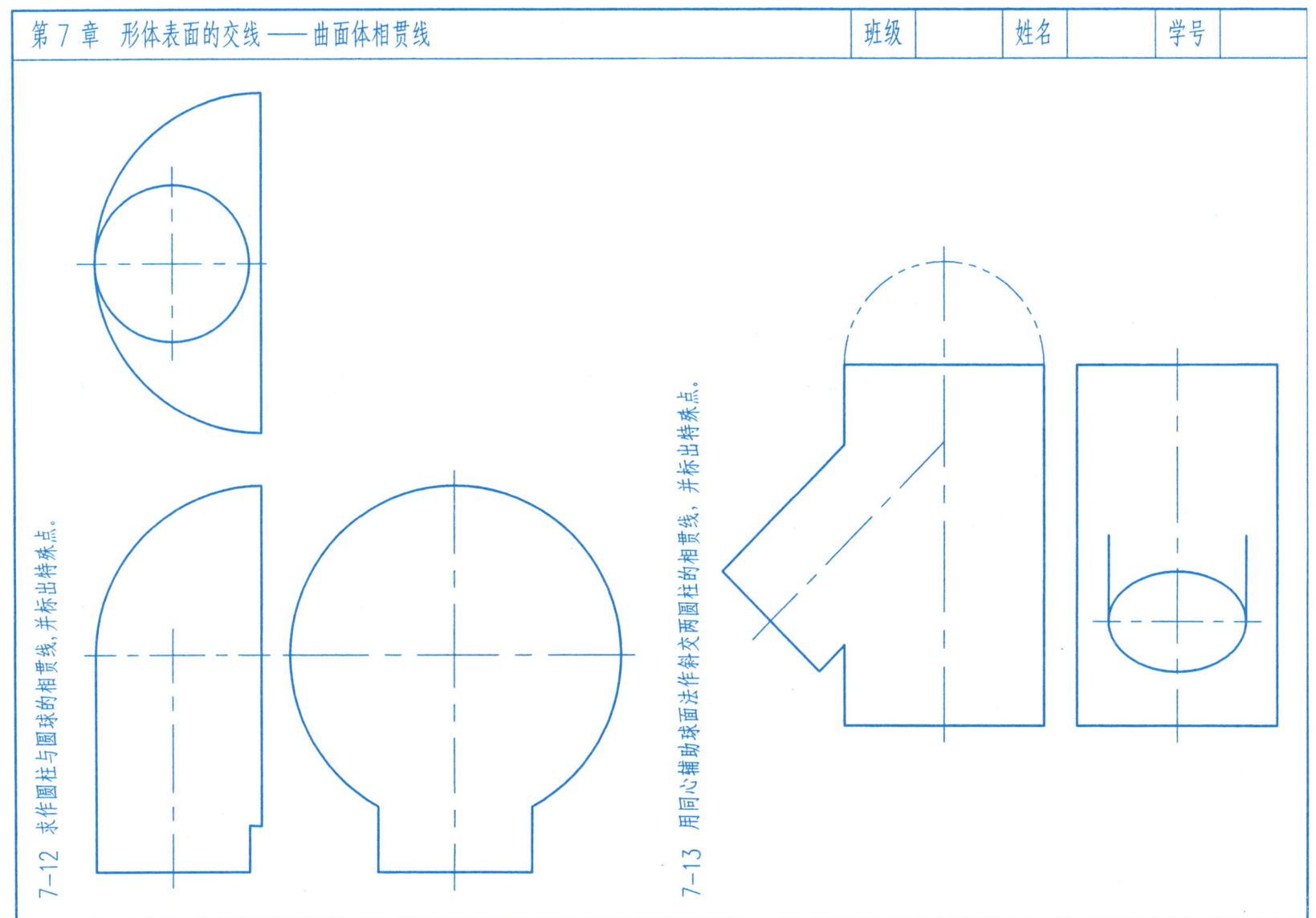

7-12 求作圆柱与圆球的相贯线，并标出特殊点。

7-13 用同心辅助球面法作斜交两圆柱的相贯线，并标出特殊点。

第 7 章 形体表面的交线——曲面体相贯线

7-14 补画下列各视图中缺漏的线。

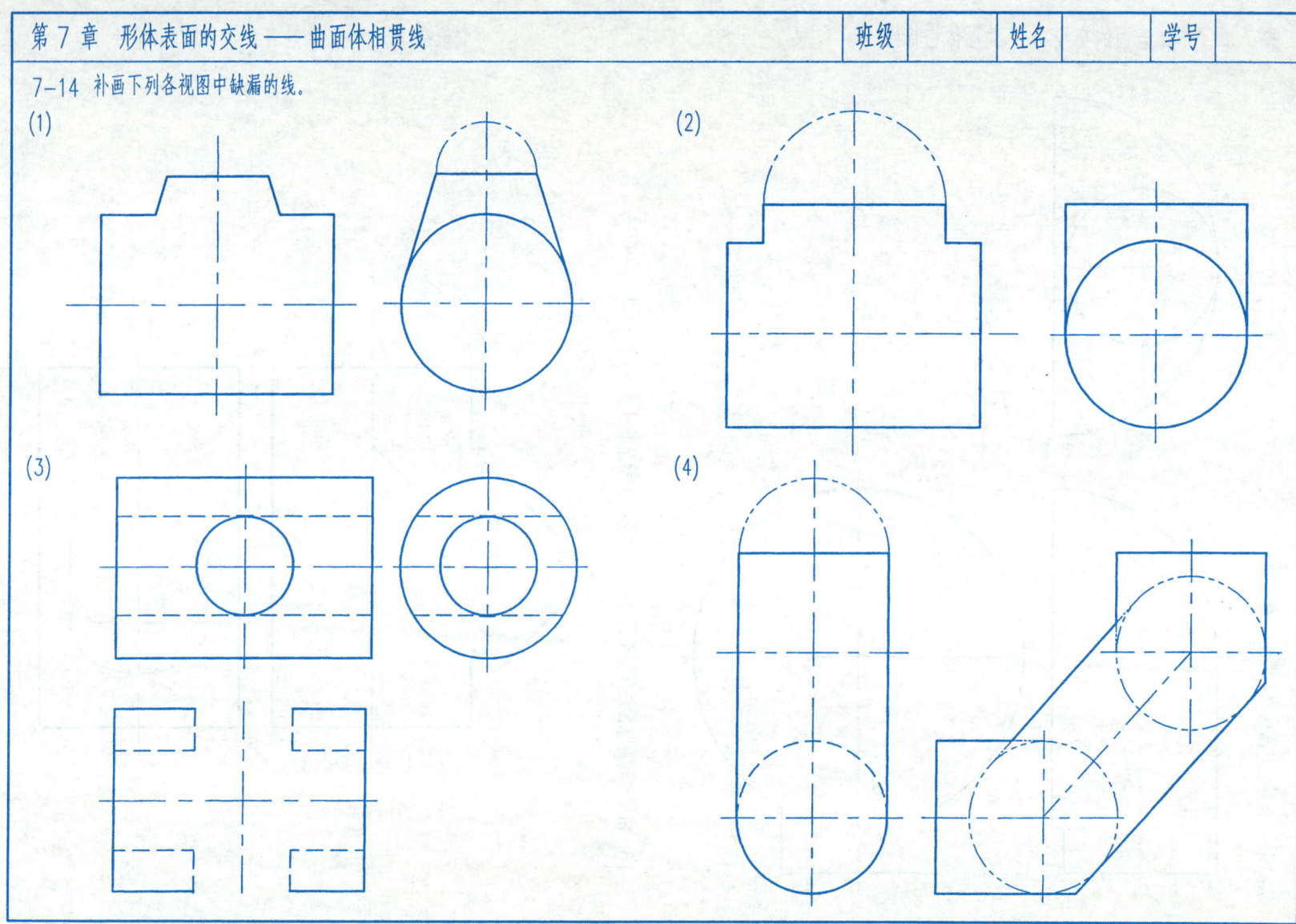

| 第 8 章 立体的表面展开 —— 平面立体的表面展开 | 班级 | 姓名 | 学号 |

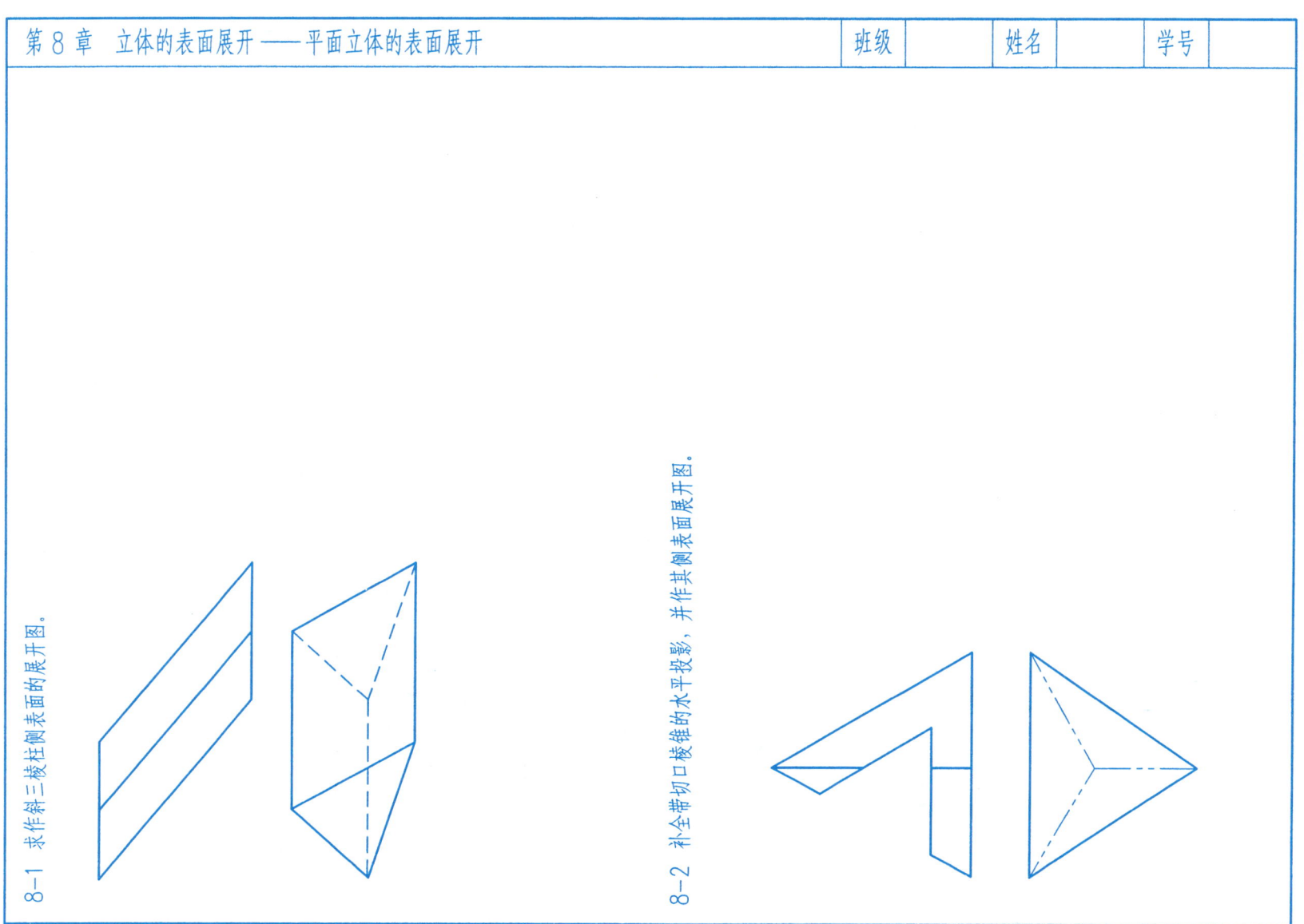

8-1 求作斜三棱柱侧表面的展开图。

8-2 补全带切口棱锥的水平投影，并作其侧表面展开图。

第 8 章　立体的表面展开 —— 可展曲面的表面展开

第 8 章 立体的表面展开——应用举例

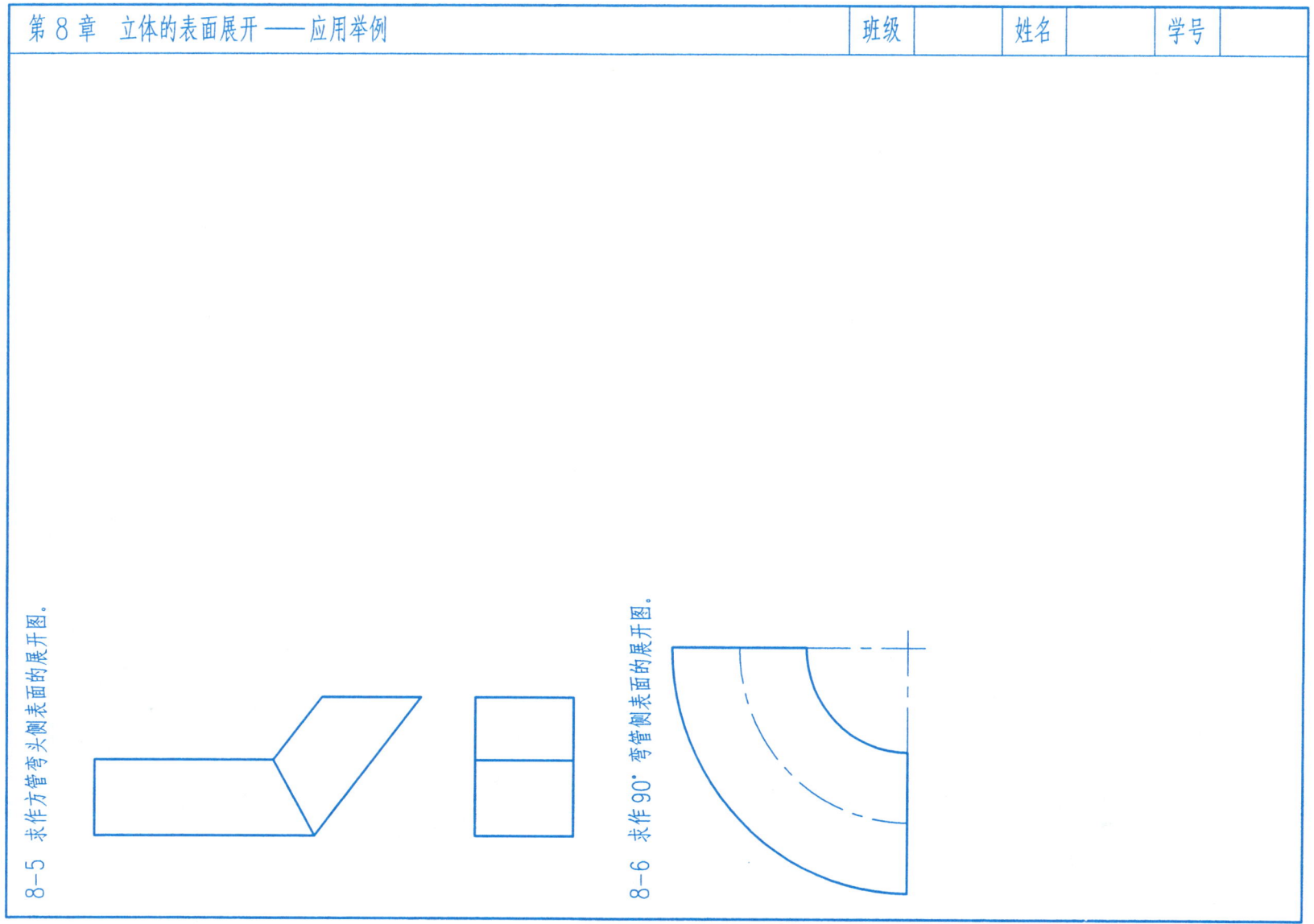

第 8 章 立体的表面展开 —— 应用举例

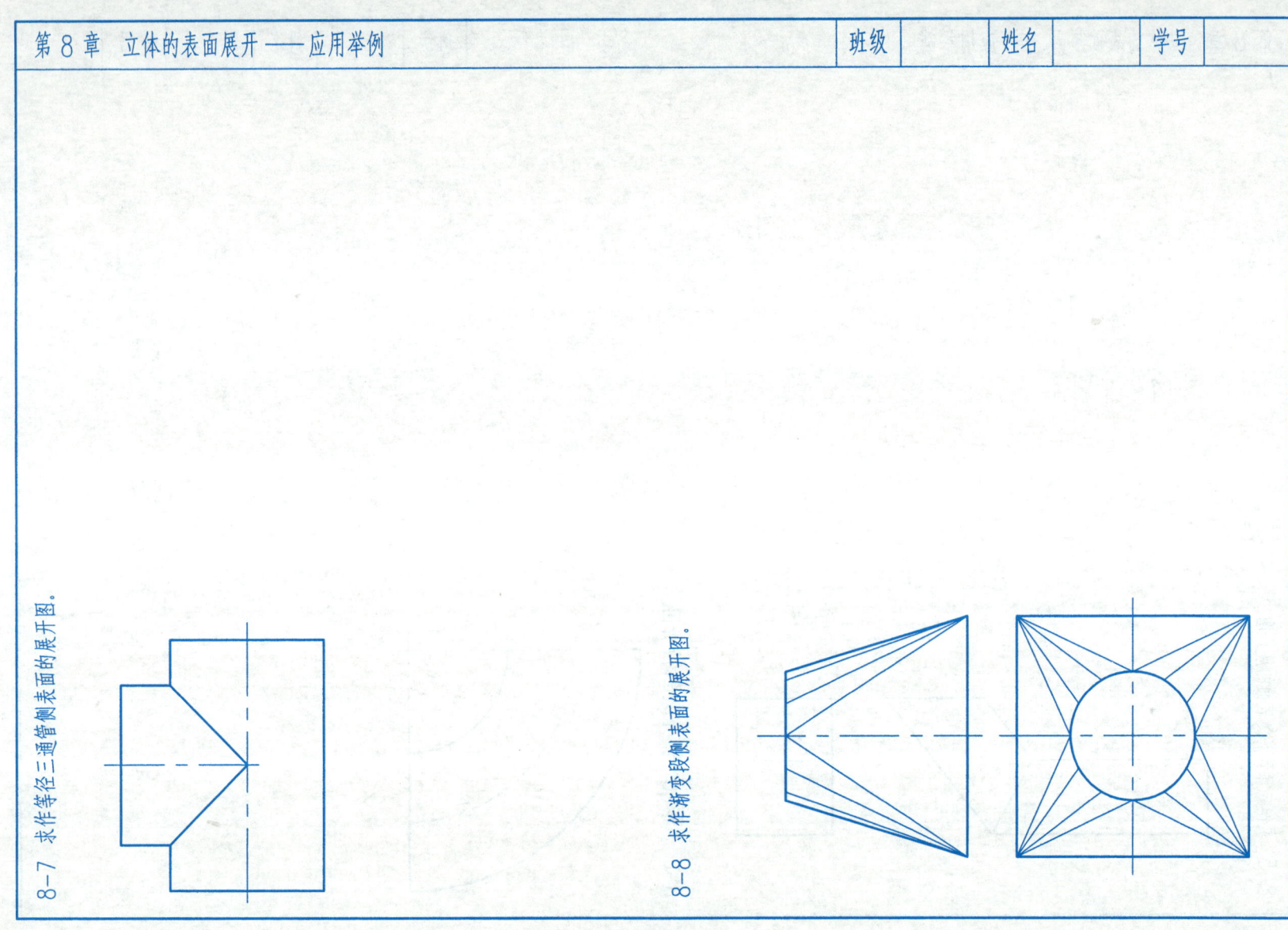

8-7 求作等径三通管侧表面的展开图。

8-8 求作渐变段侧表面的展开图。

| 第 9 章 轴测投影——正等测投影 | 班级 | 姓名 | 学号 |

9-1 画出图示形体的正等测图。

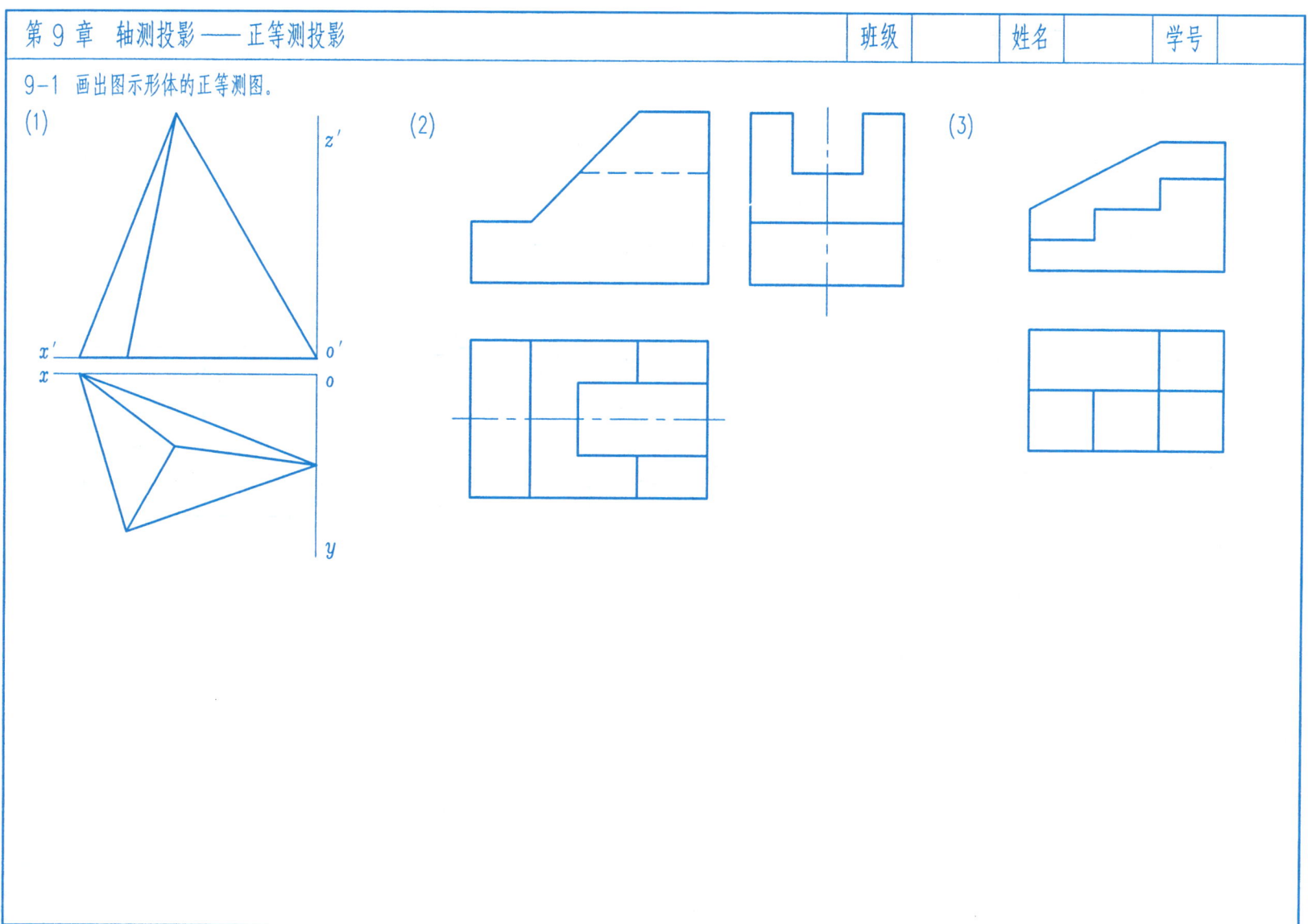

第 9 章 轴测投影——正等测投影

9-2 画出图示形体的正等测图。

(1)　　　　　　　　　(2)　　　　　　　　　(3)

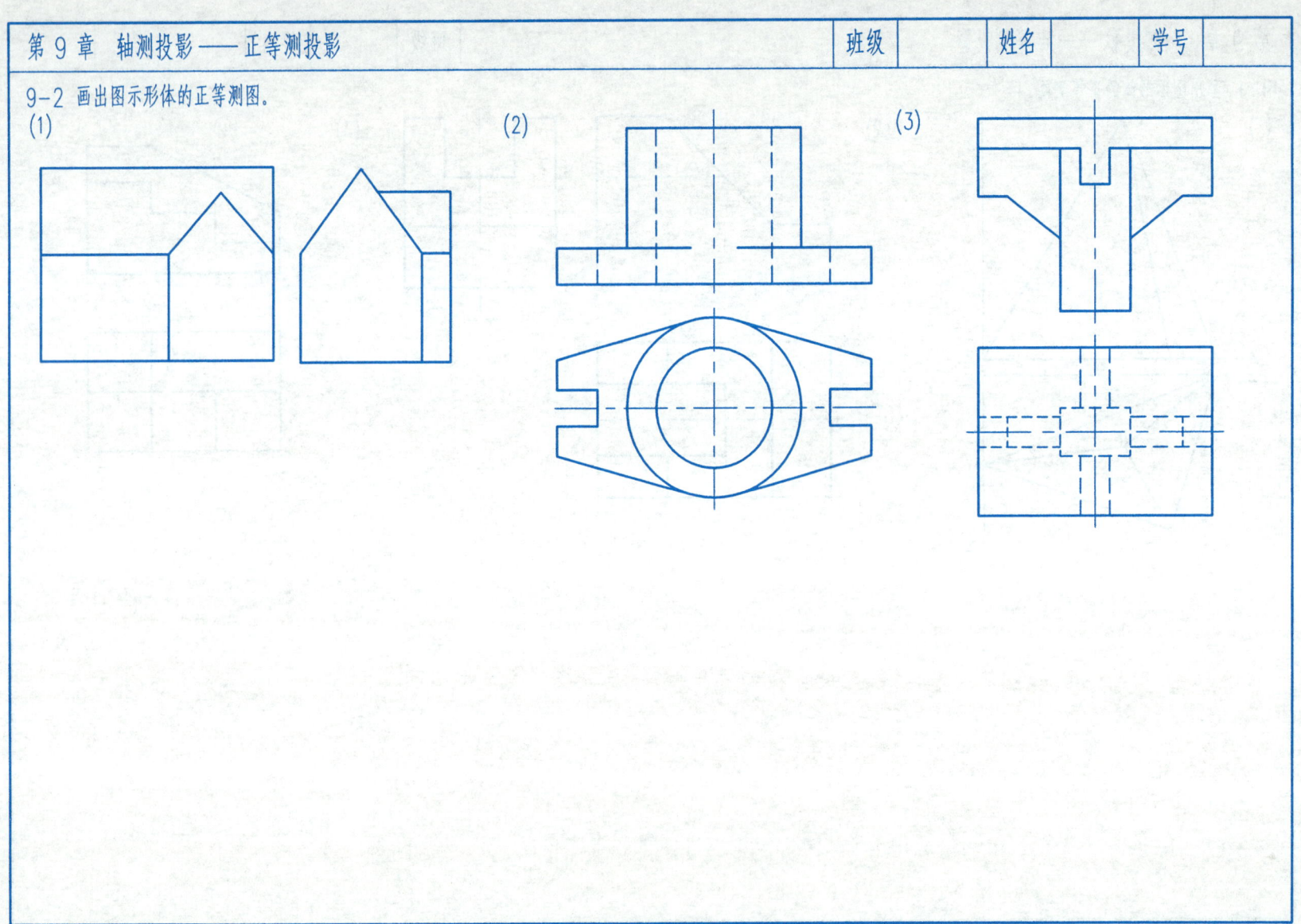

第 9 章 轴测投影——斜轴测投影

9-3 画出图示形体的斜二测图。

(1)

(2)

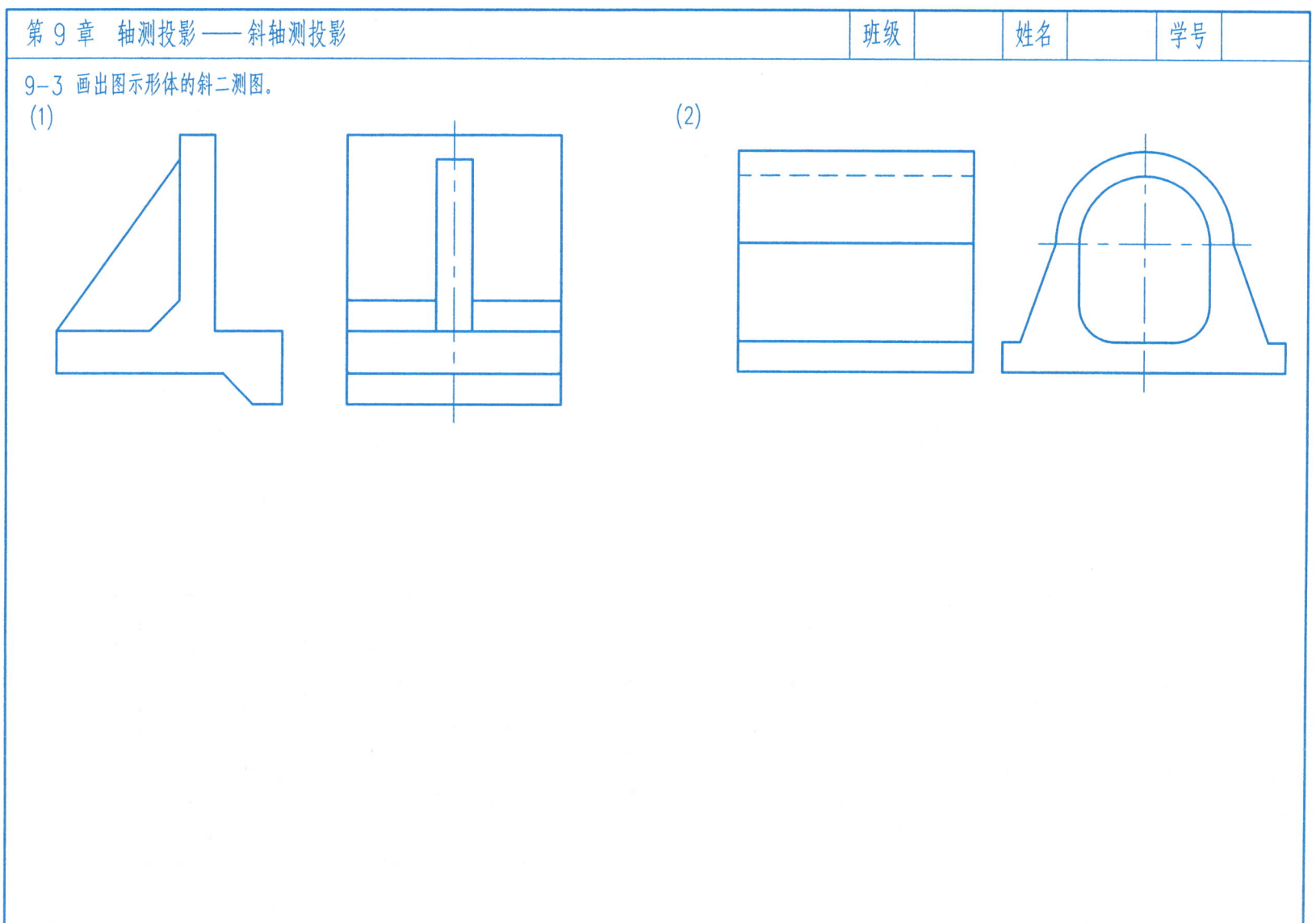

| 第 9 章 轴测投影——轴测图上交线的画法 | 班级 | 姓名 | 学号 |

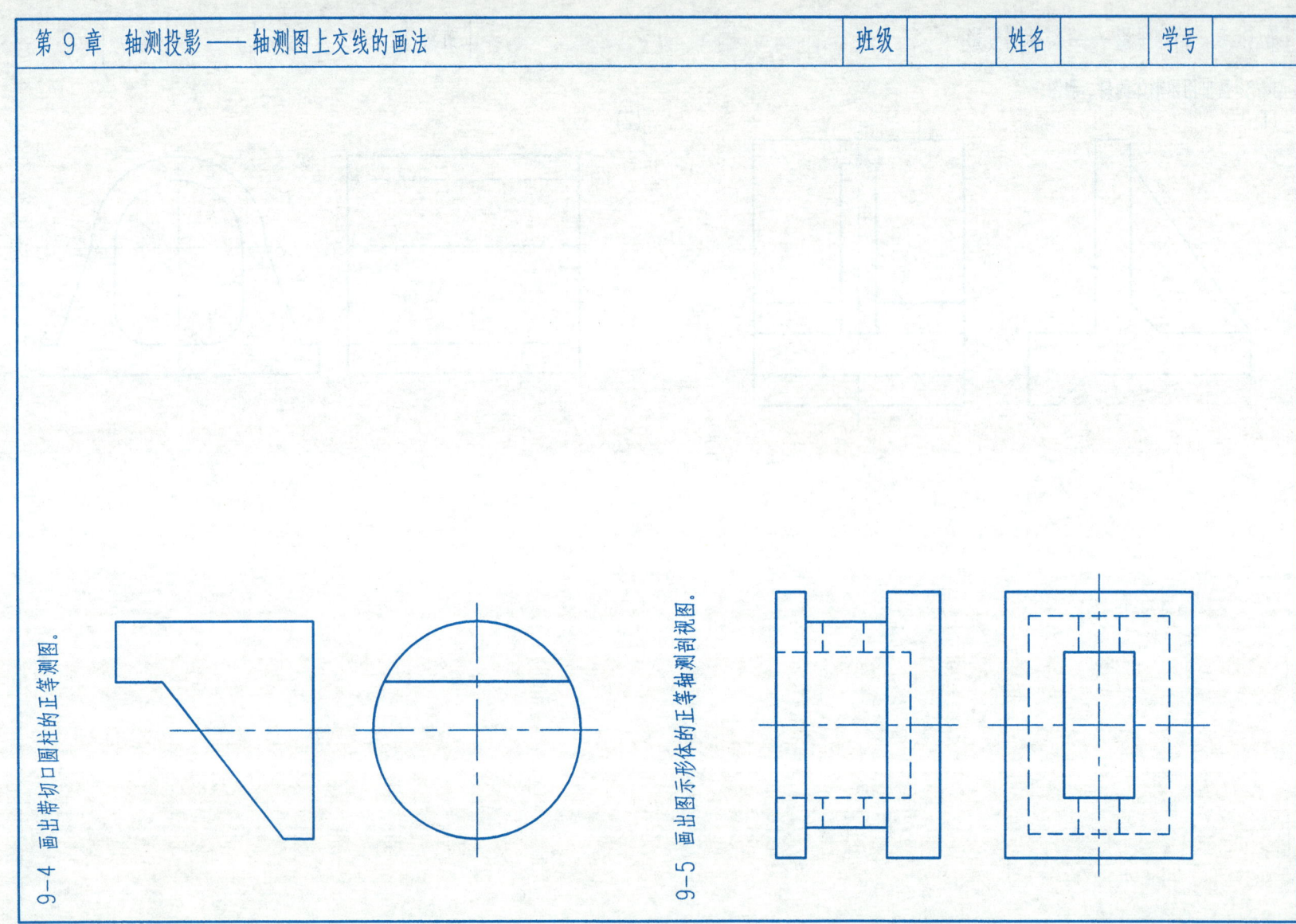

第10章 标高投影——直线、平面的标高投影

10-1 求作图示直线对地面的倾角α、实长、平距，并标出整数标高的点位（比例1:200）。

10-2 求作图示平面的等高线、坡度线和它对H面的倾角α（比例1:500）。

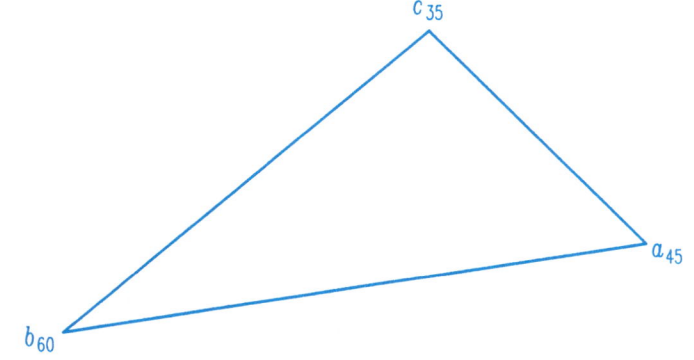

10-3 已知坡面上直线的标高和大致坡度线，求作该面的等高线及对H面的倾角α（比例1:200）。

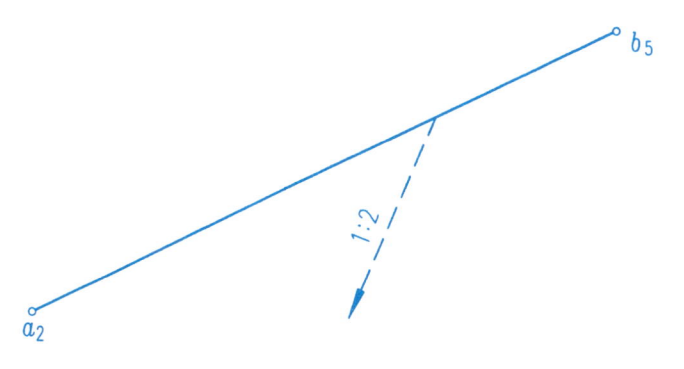

10-4 求作图示两平面的交线（比例1:200）。

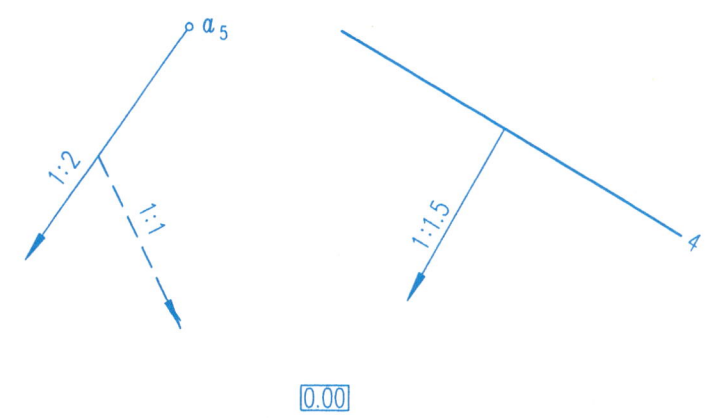

| 第 10 章 标高投影——直线、平面、曲面的标高投影 | 班级 | 姓名 | 学号 |

10-5 已知坑底、地面标高和各坡面的坡度线，求基坑的开口线及坡面间的交线（比例1:200）。

10-6 用一直引道将地面和堤顶相连，其衔接要求如图所示，求作坡脚线及坡面间的交线（比例1:200）。

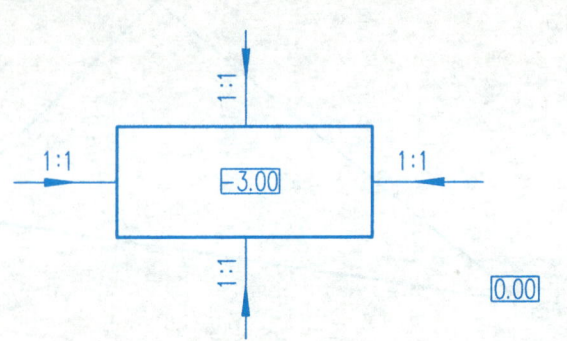

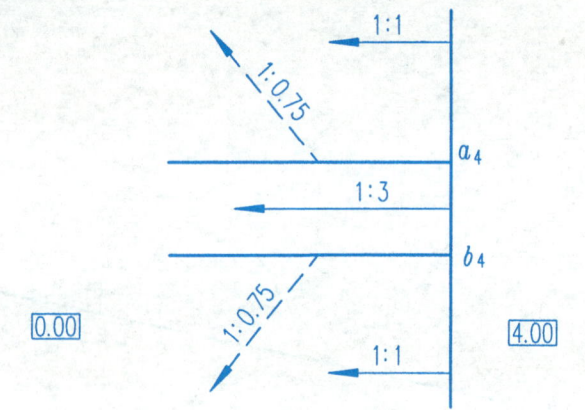

10-7 地面和堤顶的衔接要求如图所示，求坡脚线及坡面间的交线（比例1:200）。

10-8 平台和地面间衔接要求如图所示，求坡脚线及坡面间的交线（比例1:200）。

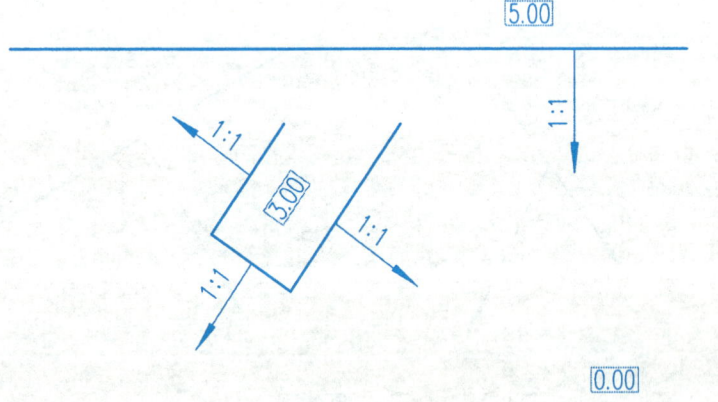

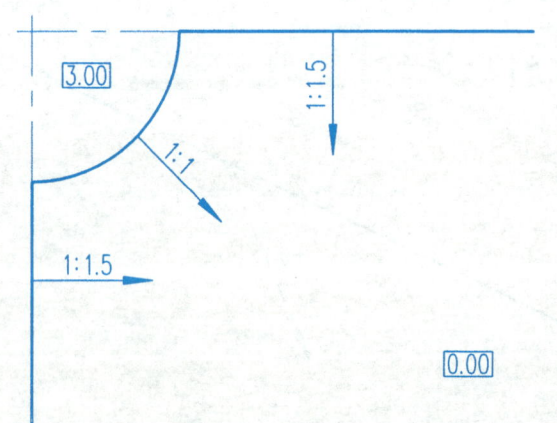

第 10 章 标高投影——曲面的标高投影

10-9 各平台标高和坡面的坡度线如图所示,求作坡脚线及坡面间的交线(比例1:200)。

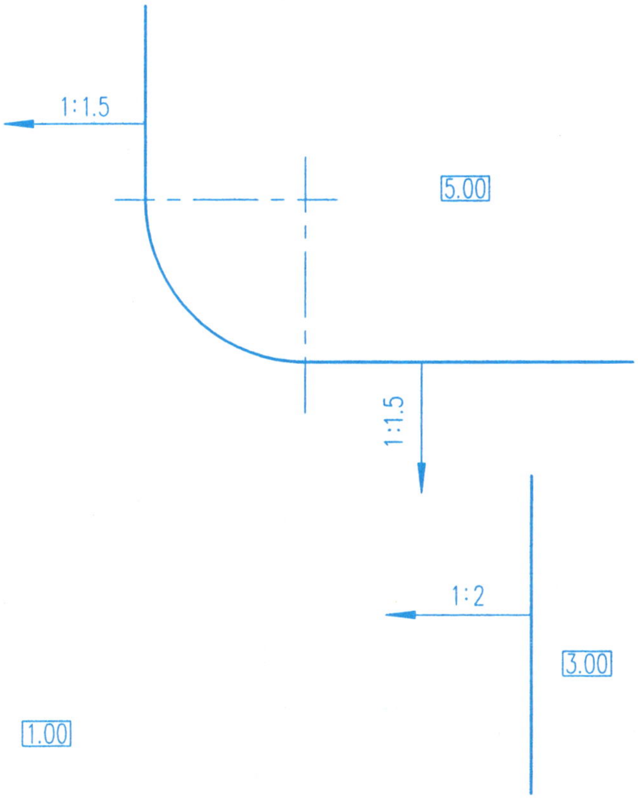

10-10 一弯引道将地面和干道相连,干道和引道两侧边坡均为1:1,求作坡脚线及坡面间的交线(比例1:200)。

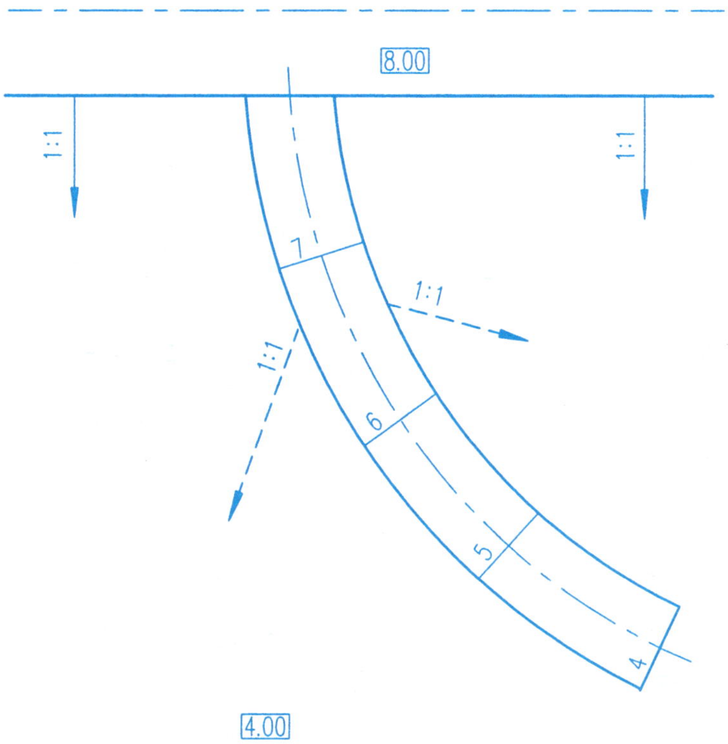

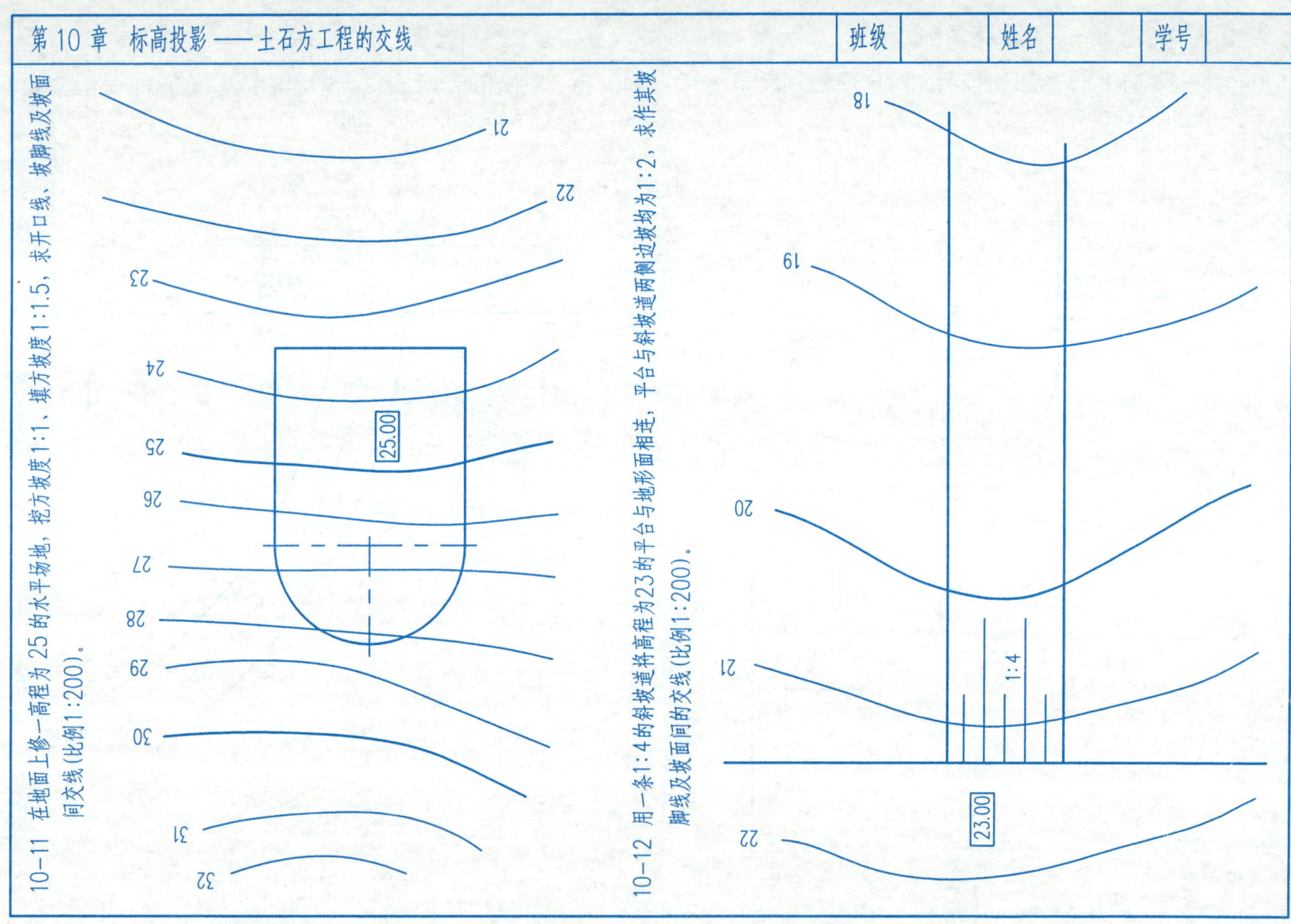

第10章 标高投影——土石方工程的交线、地形剖面图

10-13 在1:5的坡面上筑一高程为5的平台，其四周的填挖方坡度均为1:2，求作开口线、坡脚线及坡面间的交线（比例1:500）。

10-14 沿戴设管线 AB 作地形剖面图，并用实线和虚线分示管道的出露段和下埋段。

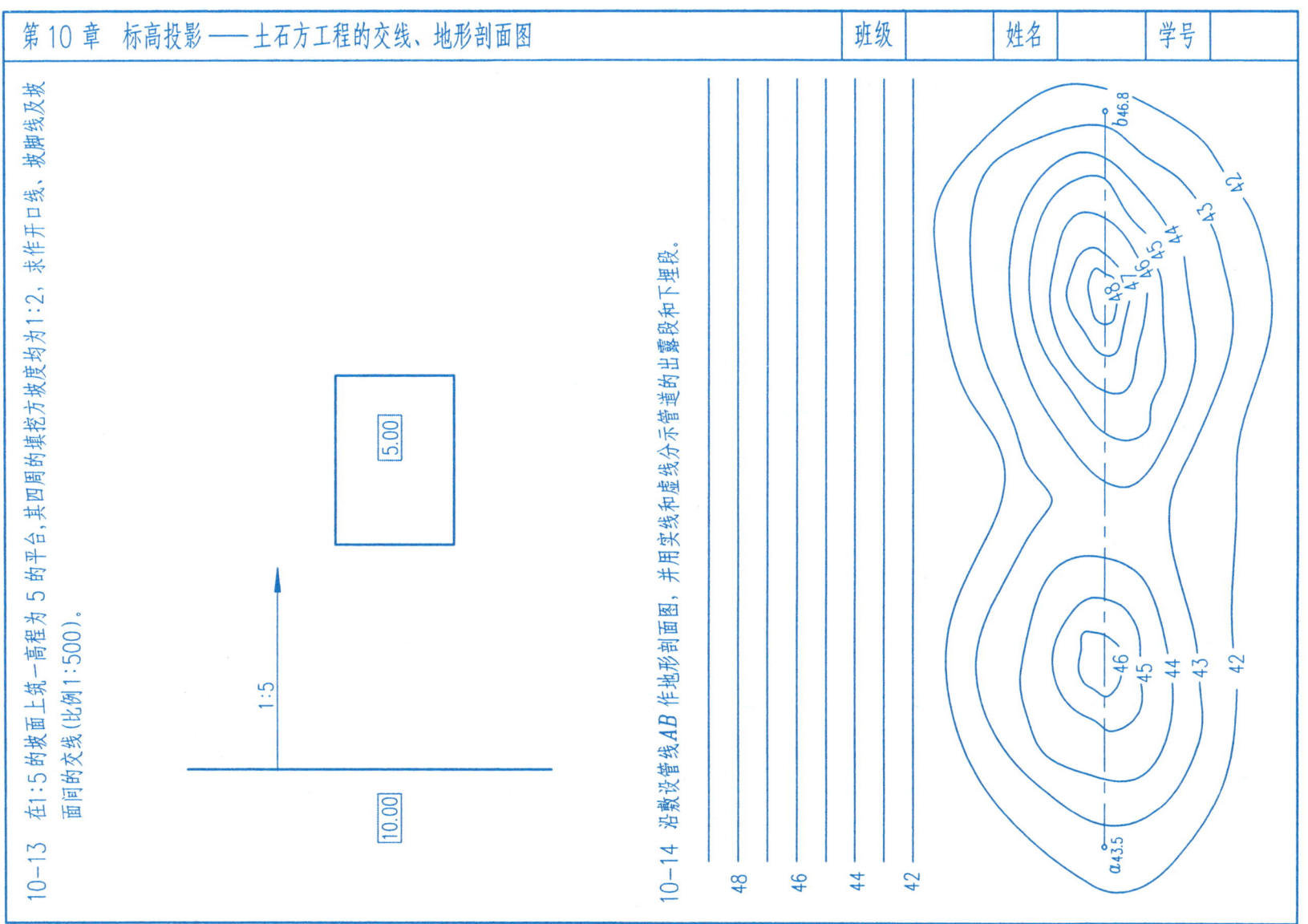

| 第 10 章 标高投影——地形剖面图 | 班级 | 姓名 | 学号 |

10-15 在地形面上修一坡道,其填、挖方坡度如图所示,用地形剖面法求作开口线和坡脚线(比例1:500)。

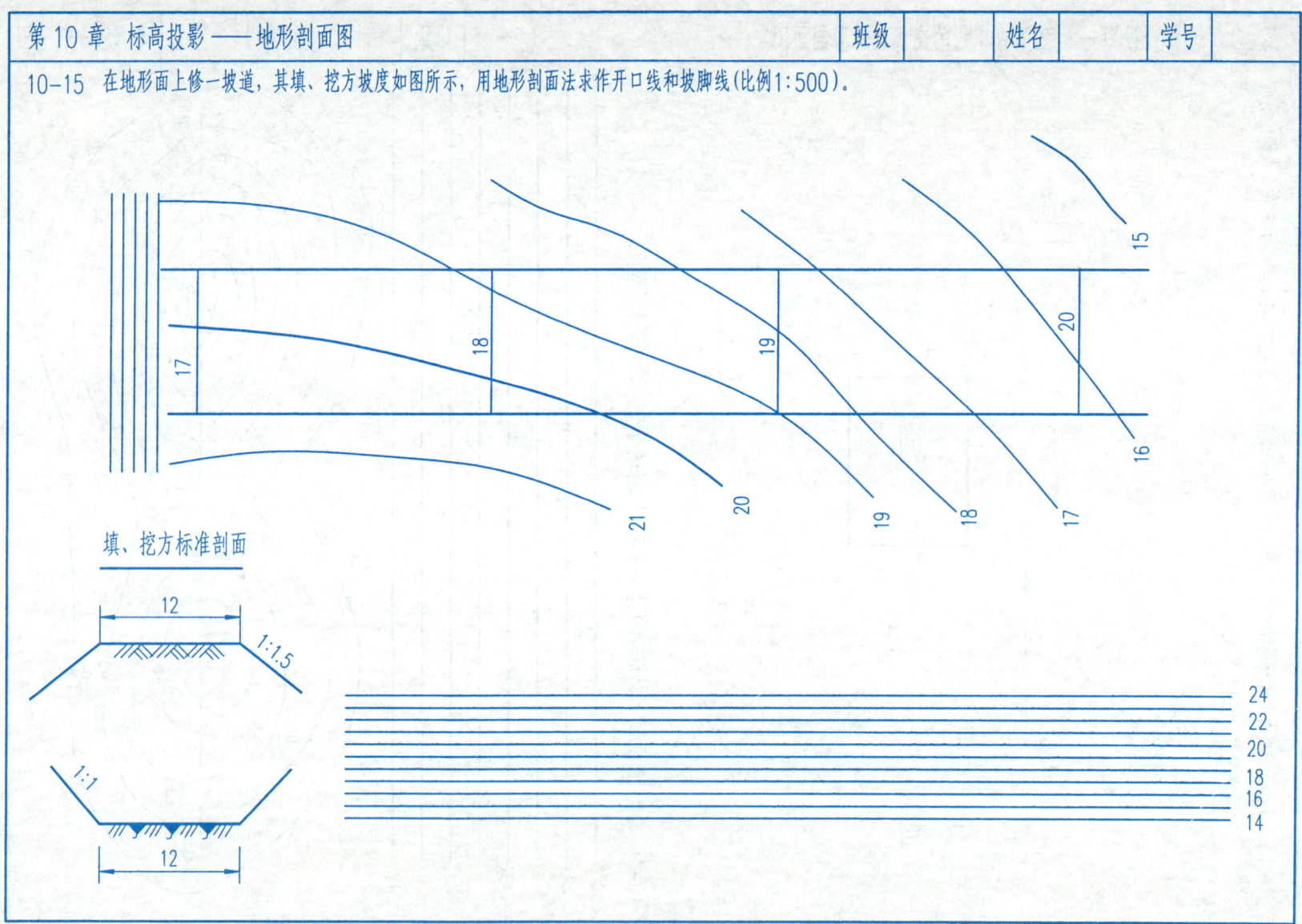

第 11 章 正投影图中的阴影——点和直线的落影

11-1 求点在 V 面、H 面上的落影和虚影。

11-2 求点在图示平面上的落影。

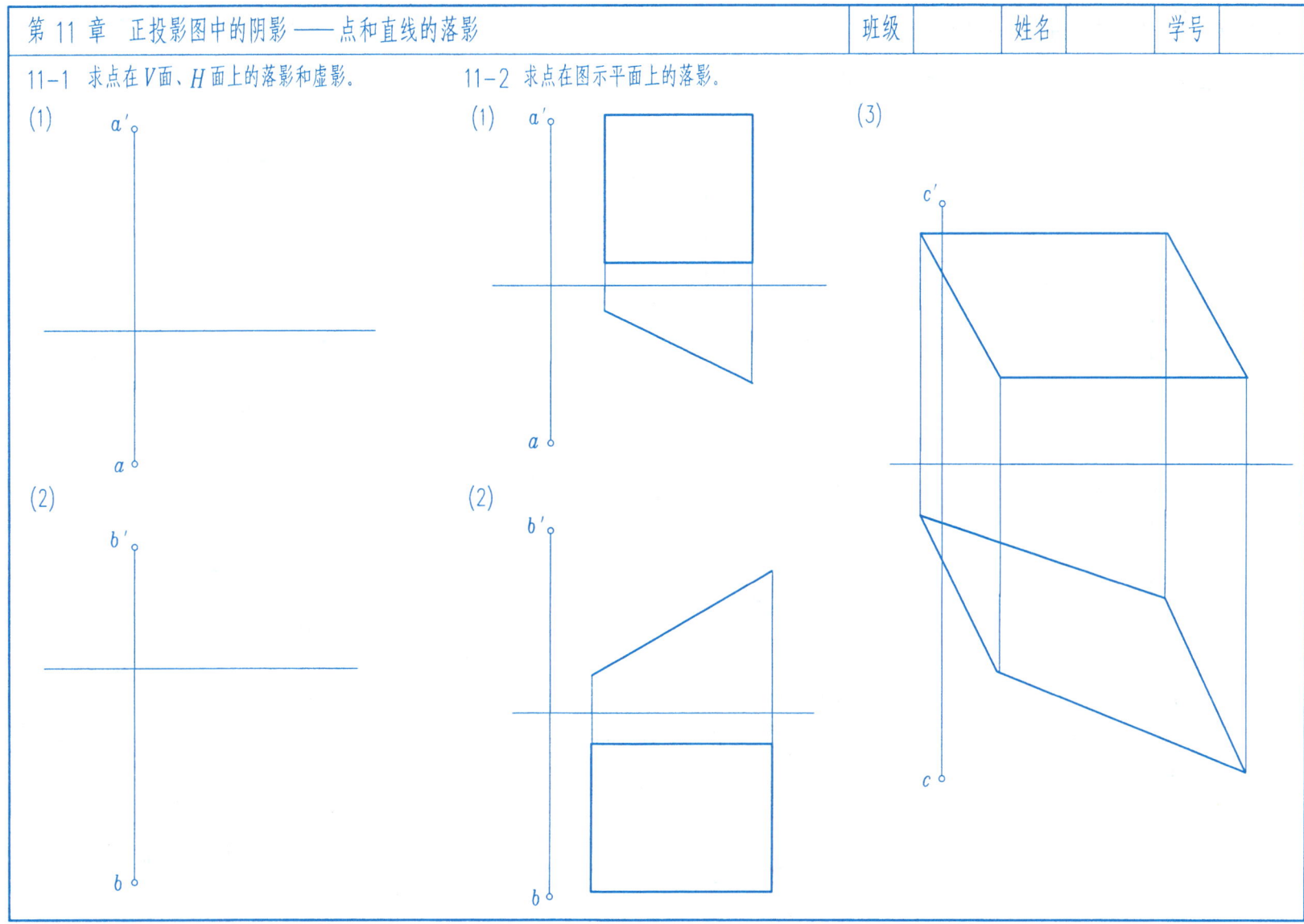

第 11 章 正投影图中的阴影——点和直线的落影

11-3 求图示直线在V面、H面上的落影，并标出折影点K。

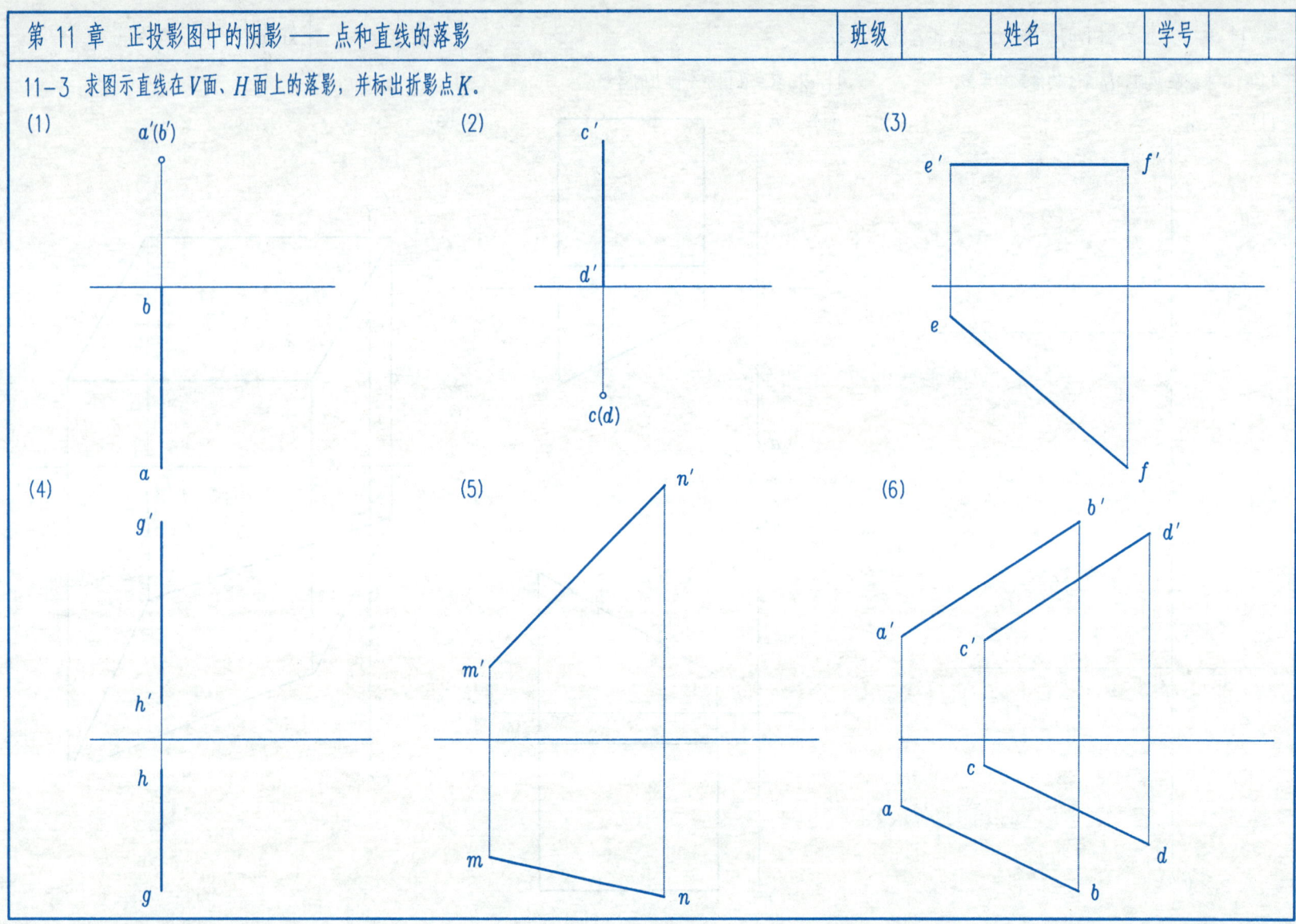

第 11 章 正投影图中的阴影——点和直线的落影

11-4 求两相交直线在平面上的落影。   11-5 求直线在两相交平面上的落影，并标出折影点。   11-6 求直线在两水平面上的落影，并标出折影点。

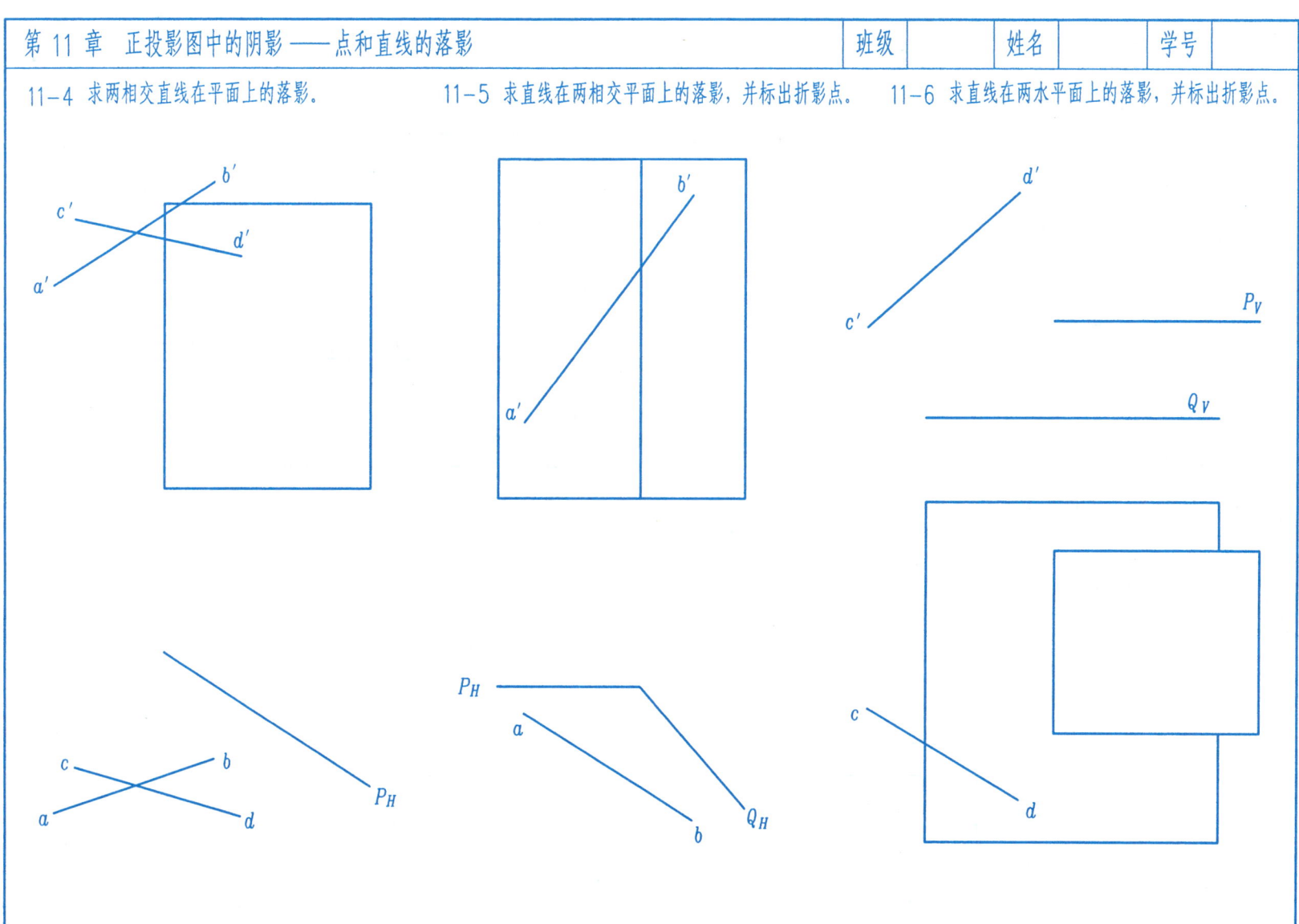

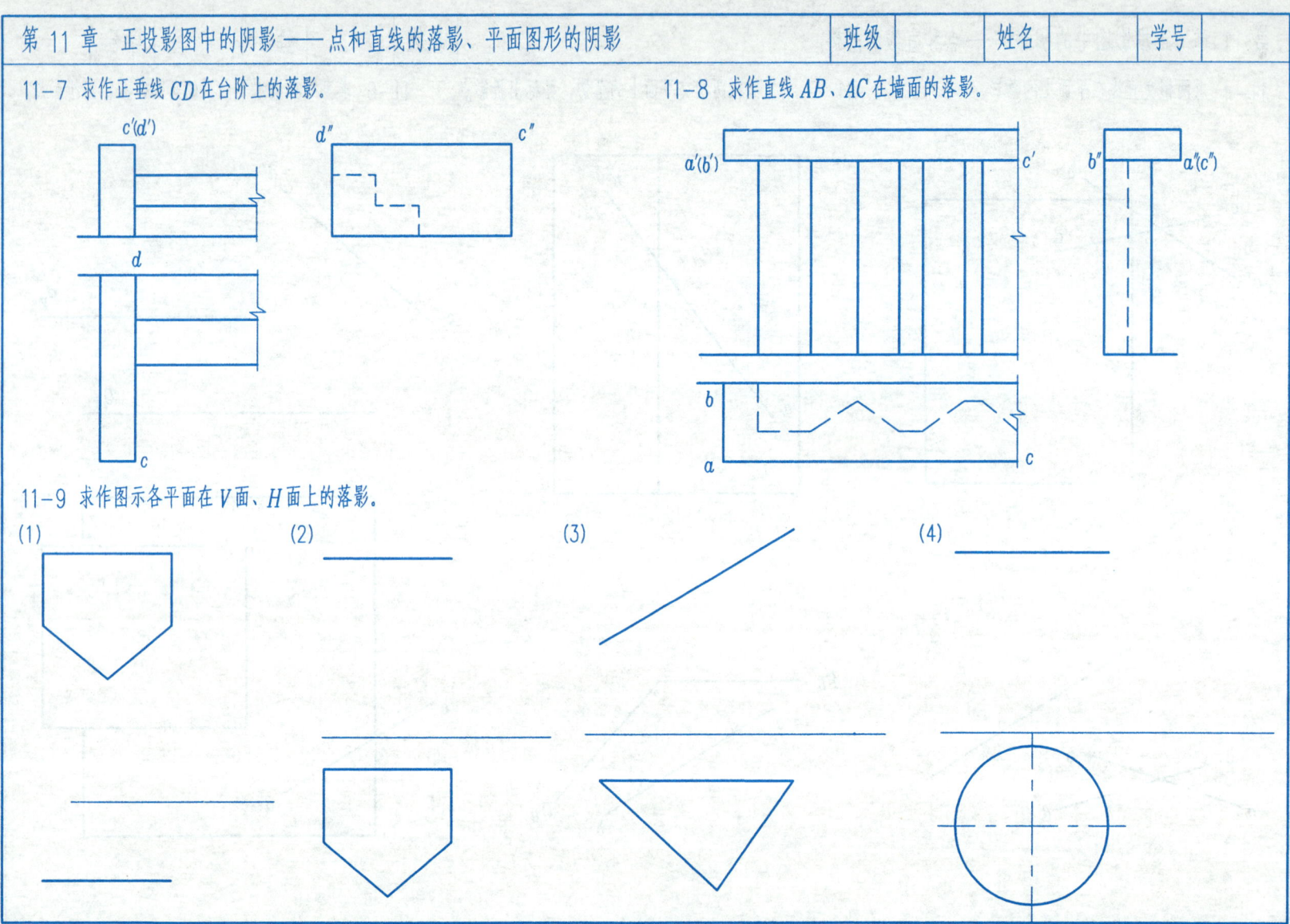

第 11 章　正投影图中的阴影——基本立体的阴影

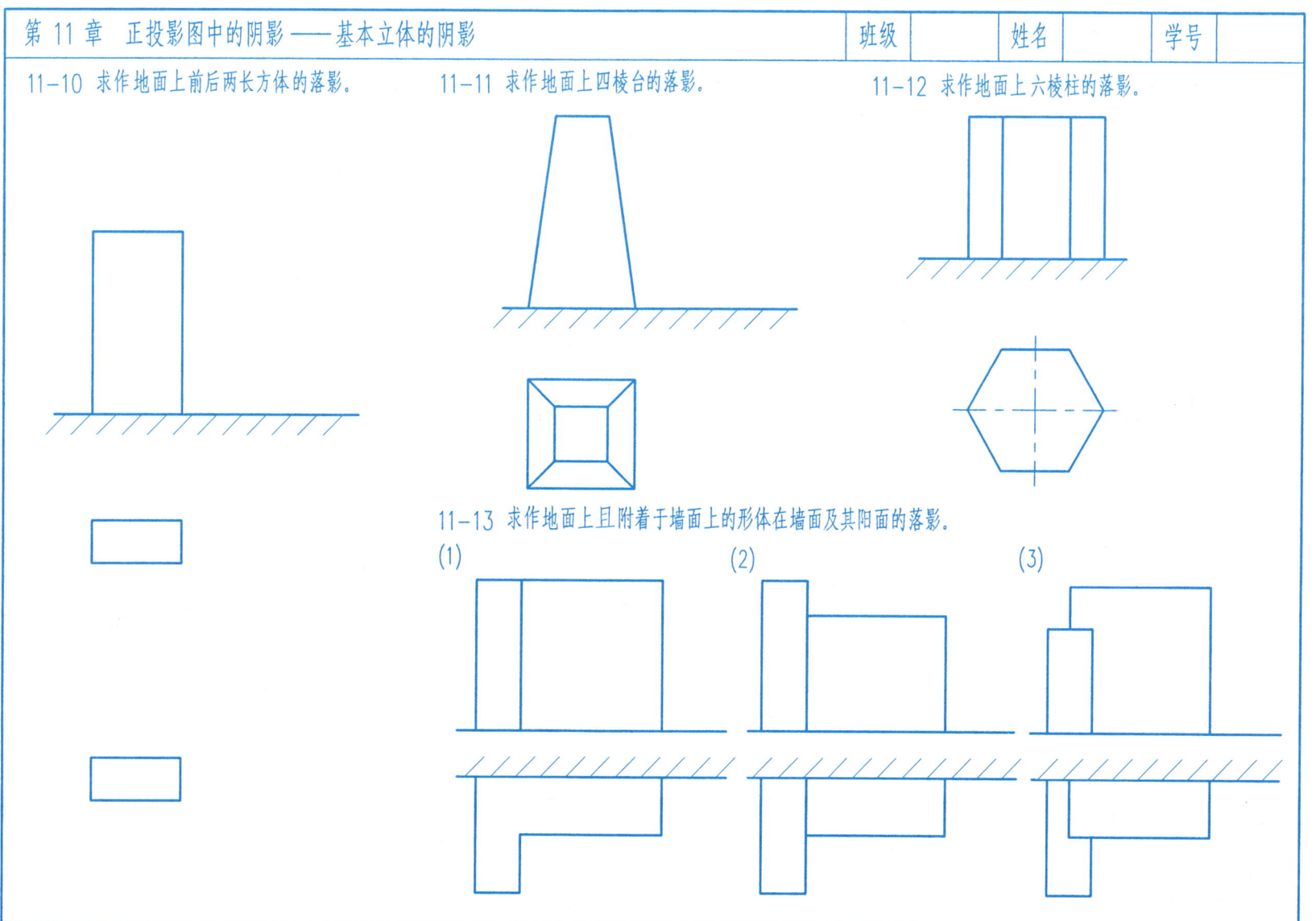

第 11 章　正投影图中的阴影——基本立体的阴影

班级		姓名		学号	

11-14 求作圆柱的阴影。

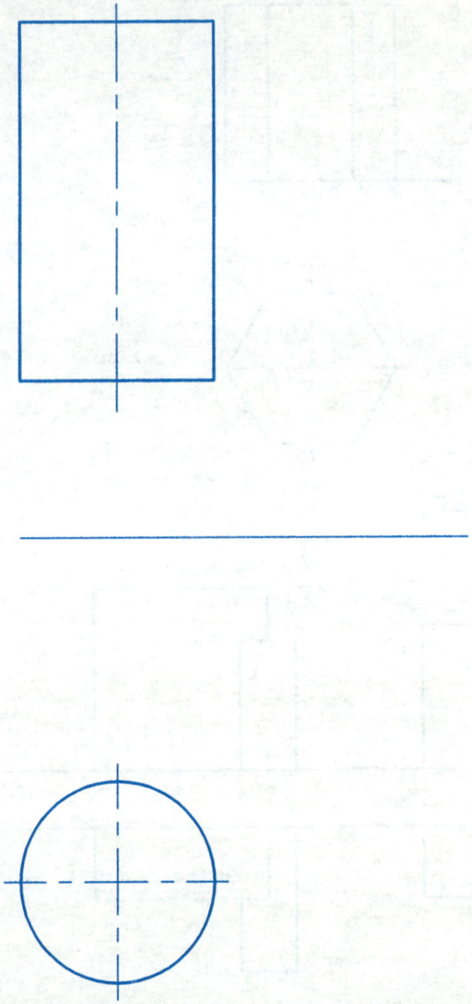

11-15 求作圆锥的阴影。

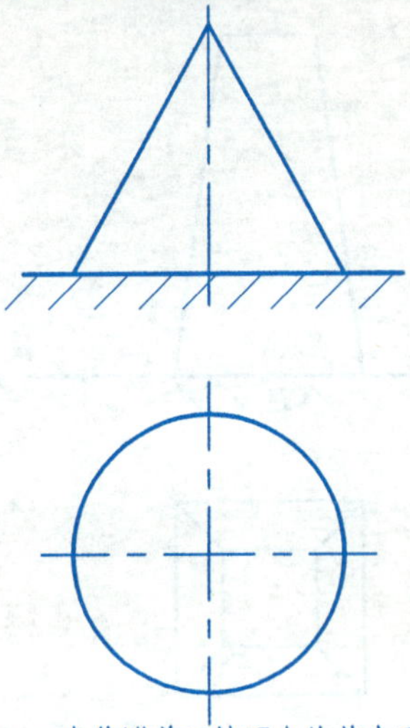

11-16 求作球心距 V 面 30 的圆球阴影。

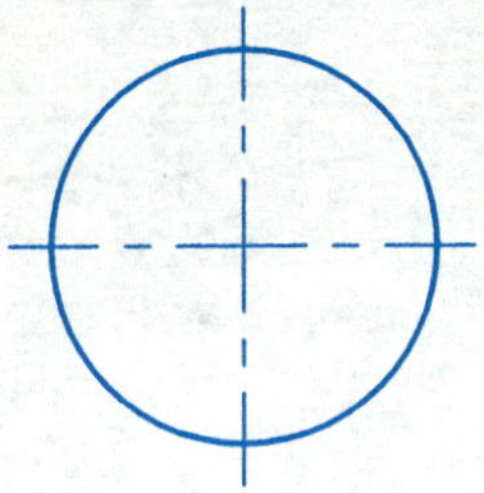

11-17 求作附着于墙面上的基本形体的阴影。

(1) 半圆柱。

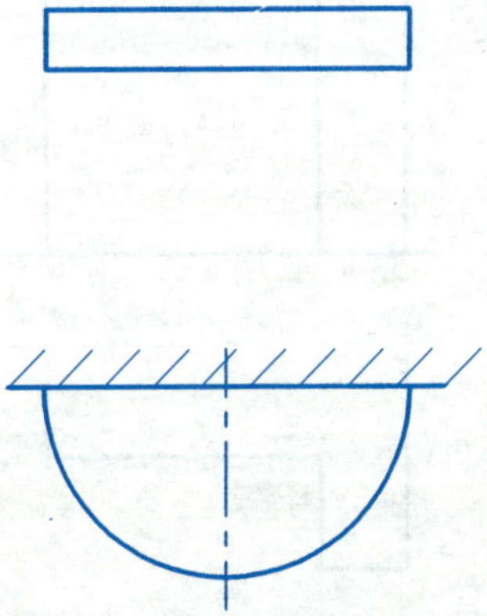

(2) 半圆台。

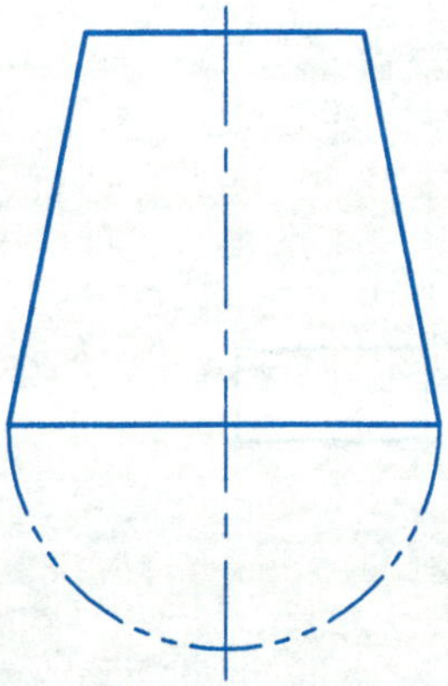

第 11 章 正投影图中的阴影——建筑细部的阴影

11-18 求作窗洞、窗台、门洞、雨篷和橱窗的阴影。

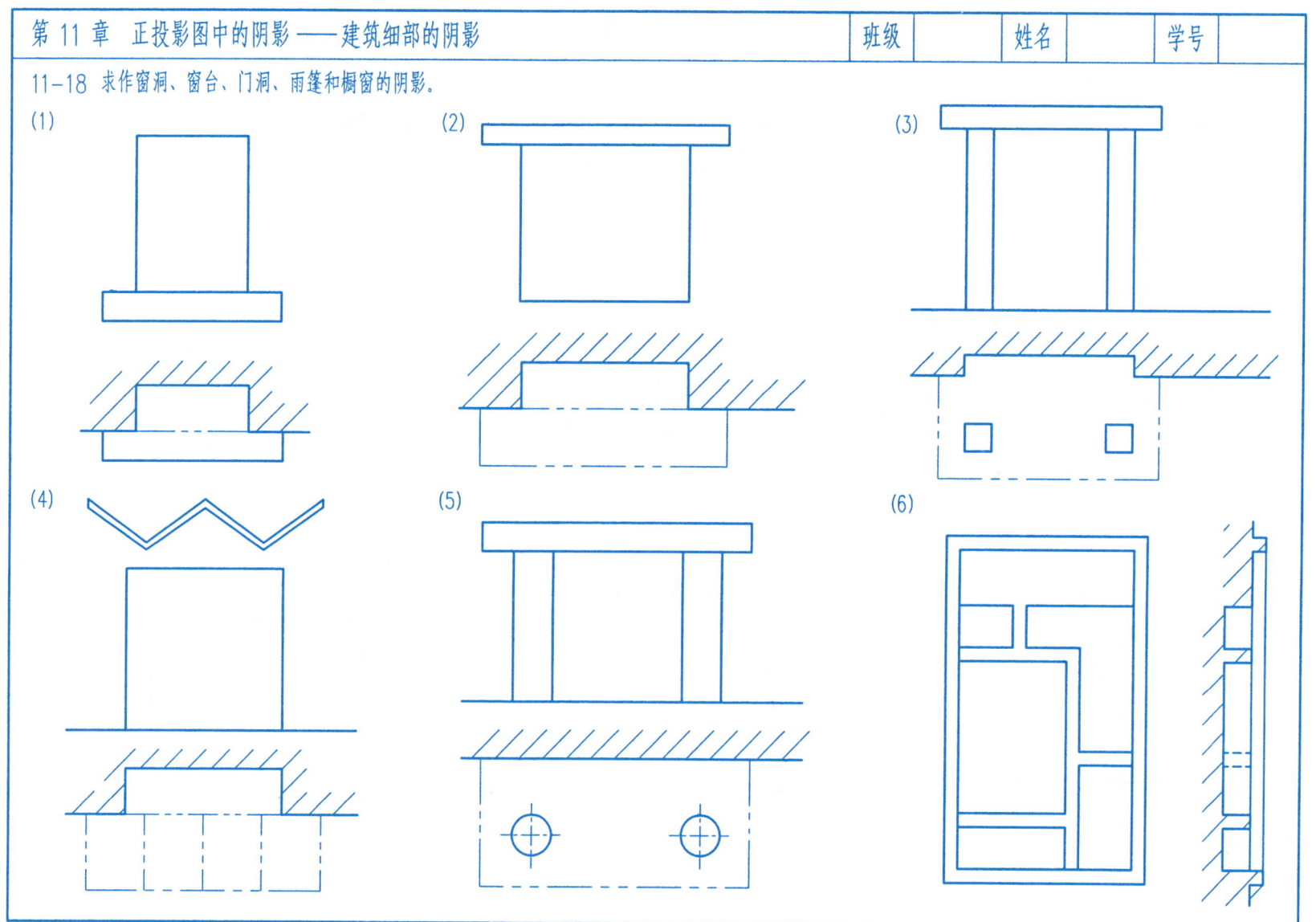

第 11 章 正投影图中的阴影——建筑细部的阴影

11-19 求作墙面上装饰体的阴影。

(1) 方帽圆柱。

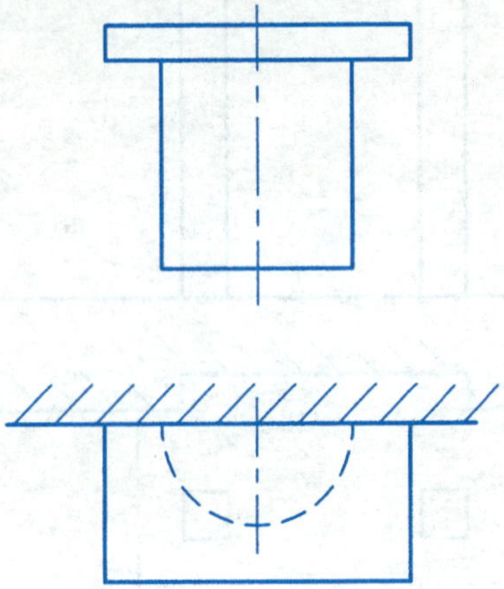

(2) 圆帽方柱。

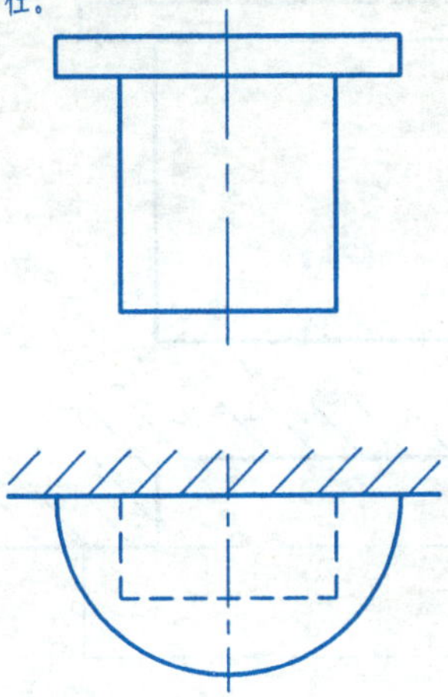

(3) 圆帽圆柱。

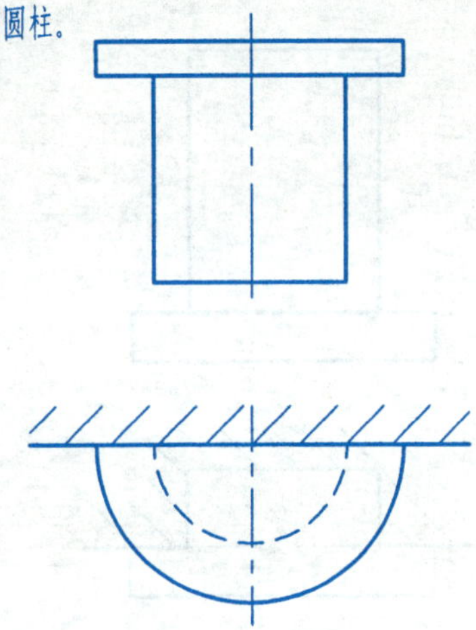

(4) 壁灯。

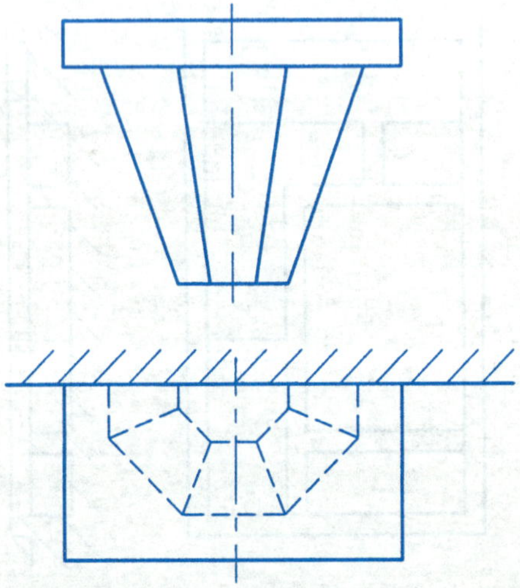

(5) 半个方帽圆锥台。

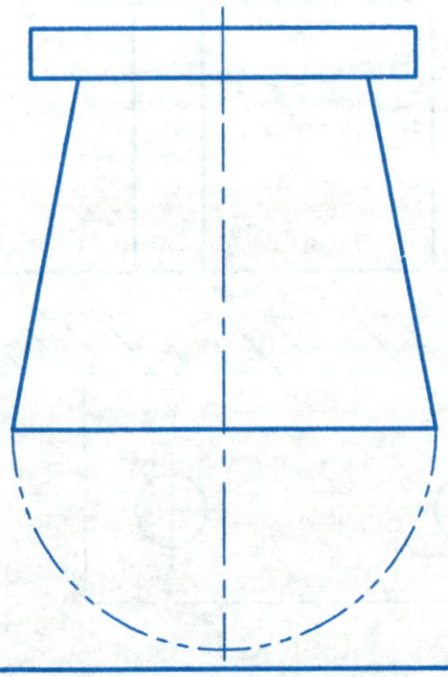

(6) 半个环帽圆柱。

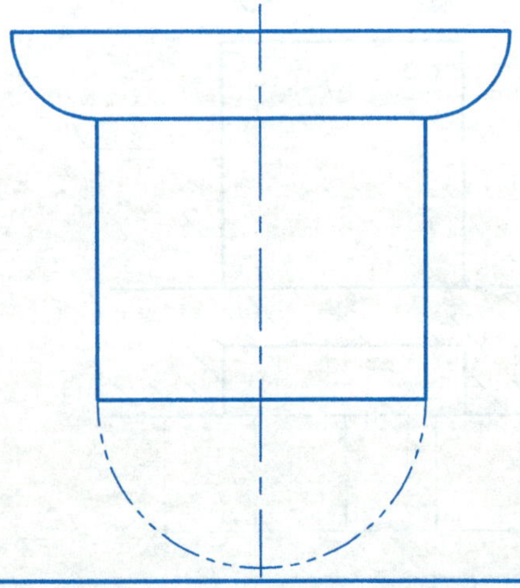

第 11 章 正投影图中的阴影——建筑细部的阴影

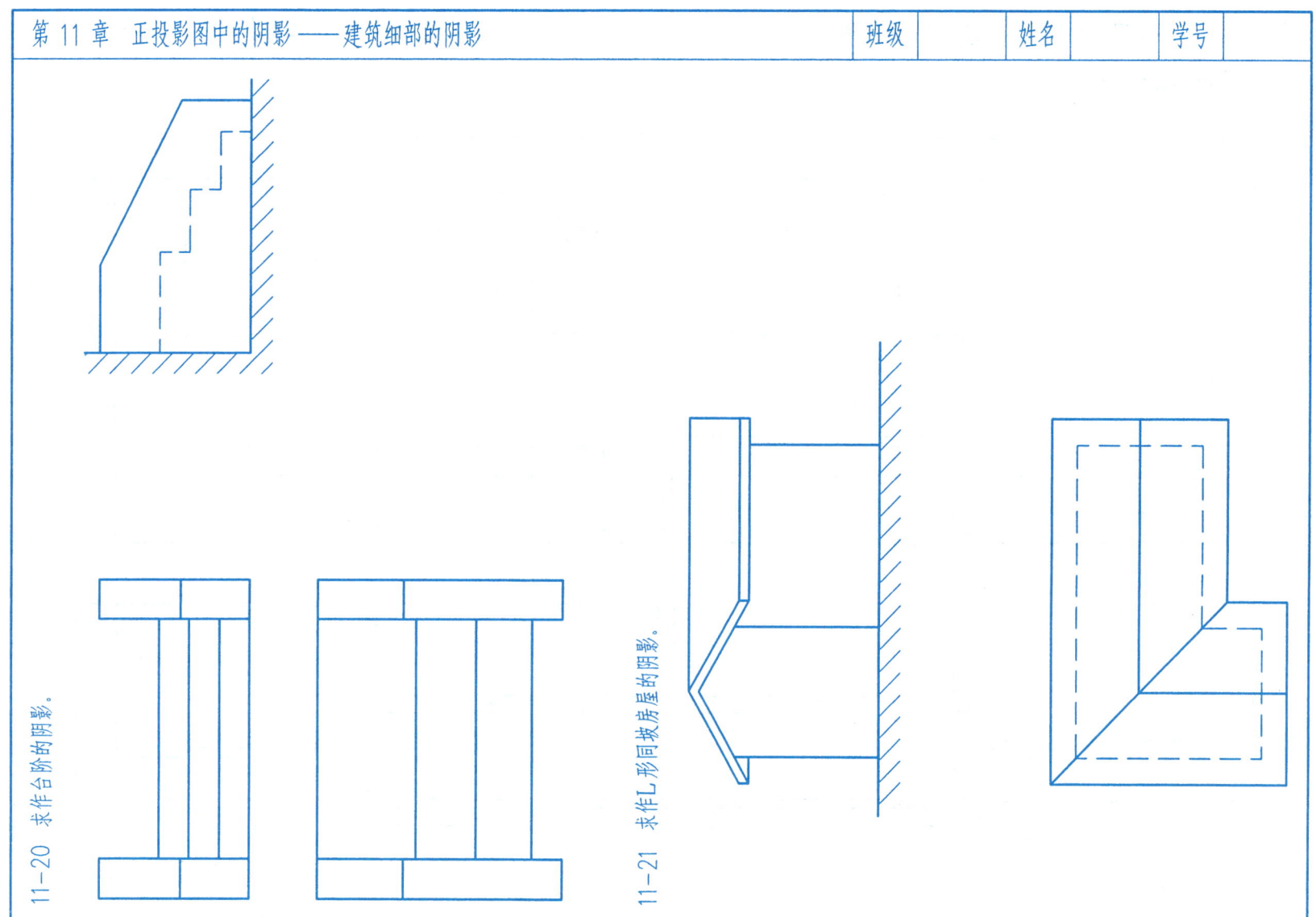

11-20 求作台阶的阴影。

11-21 求作L形同坡房屋的阴影。

第 11 章 正投影图中的阴影——建筑形体的阴影

11-22 求作建筑立面图中的阴影。

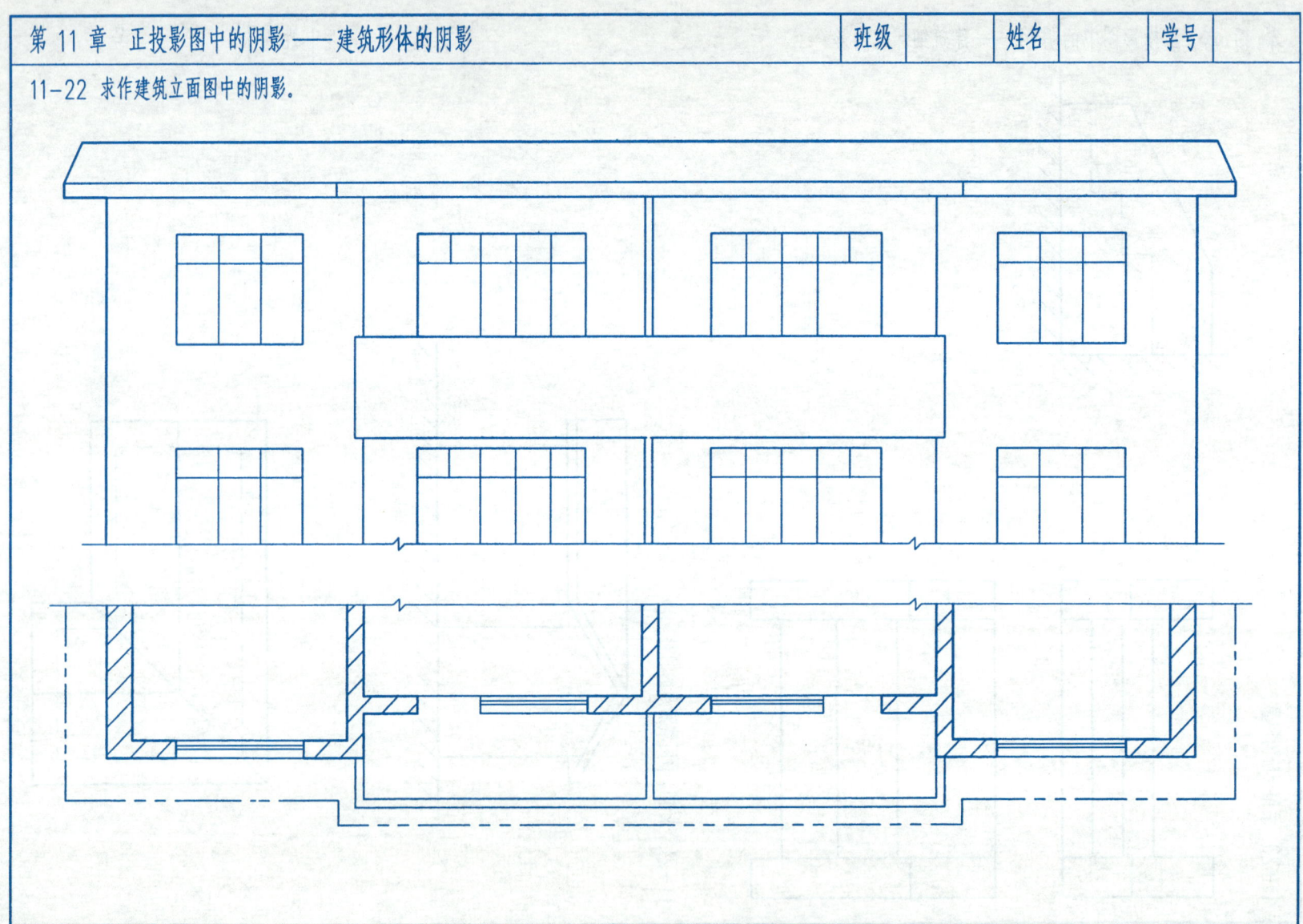

第12章 透视投影——点、直线的透视

| 班级 | 姓名 | 学号 |

12-1 已知 A 点与视点 S 的正投影，求其在 V 面的透视与基透视。

12-2 求基线平行线（距基面40）的透视与基透视。

12-3 求基面垂直线（$AB=30$，B 点距基面10）的透视与基透视。

第12章 透视投影——直线的透视

12-4 求基面倾斜线（最低点C高50，α=30°）的透视与基透视。

12-5 求画面垂直线（距基面60）的透视与基透视。

12-6 求画面相交线（距基面60）的透视与基透视。

第 12 章 透视投影——基面图形的透视

12-7 求作基面方格网的透视。

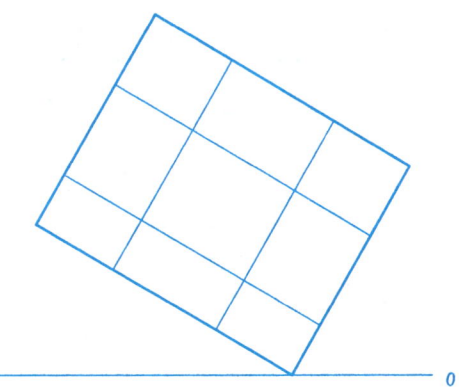

12-8 求作基面圆的透视。

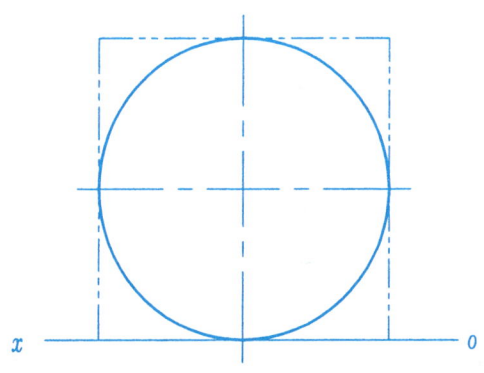

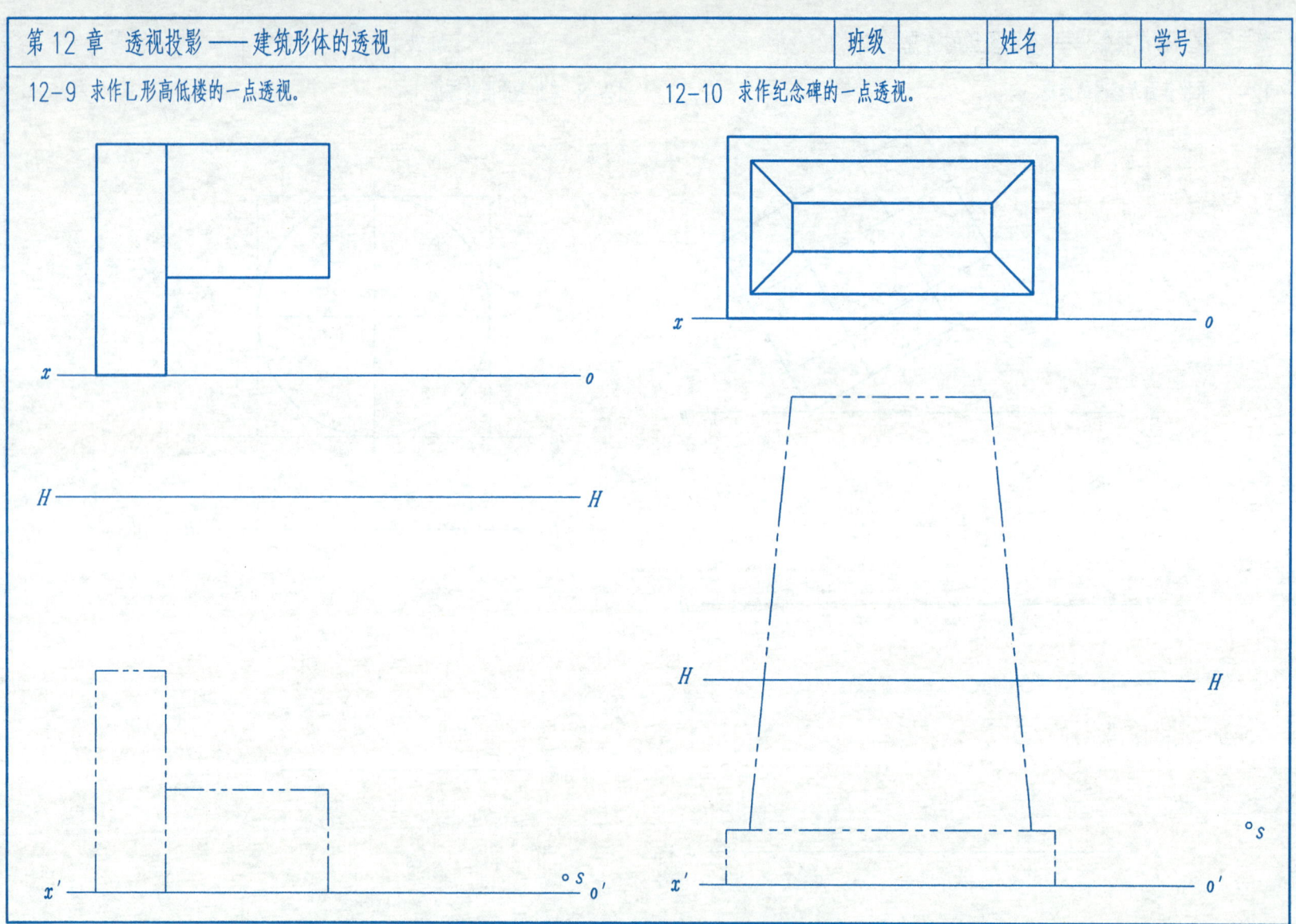

第 12 章 透视投影——建筑形体的透视

12-11 求作平顶房屋轮廓的两点透视。

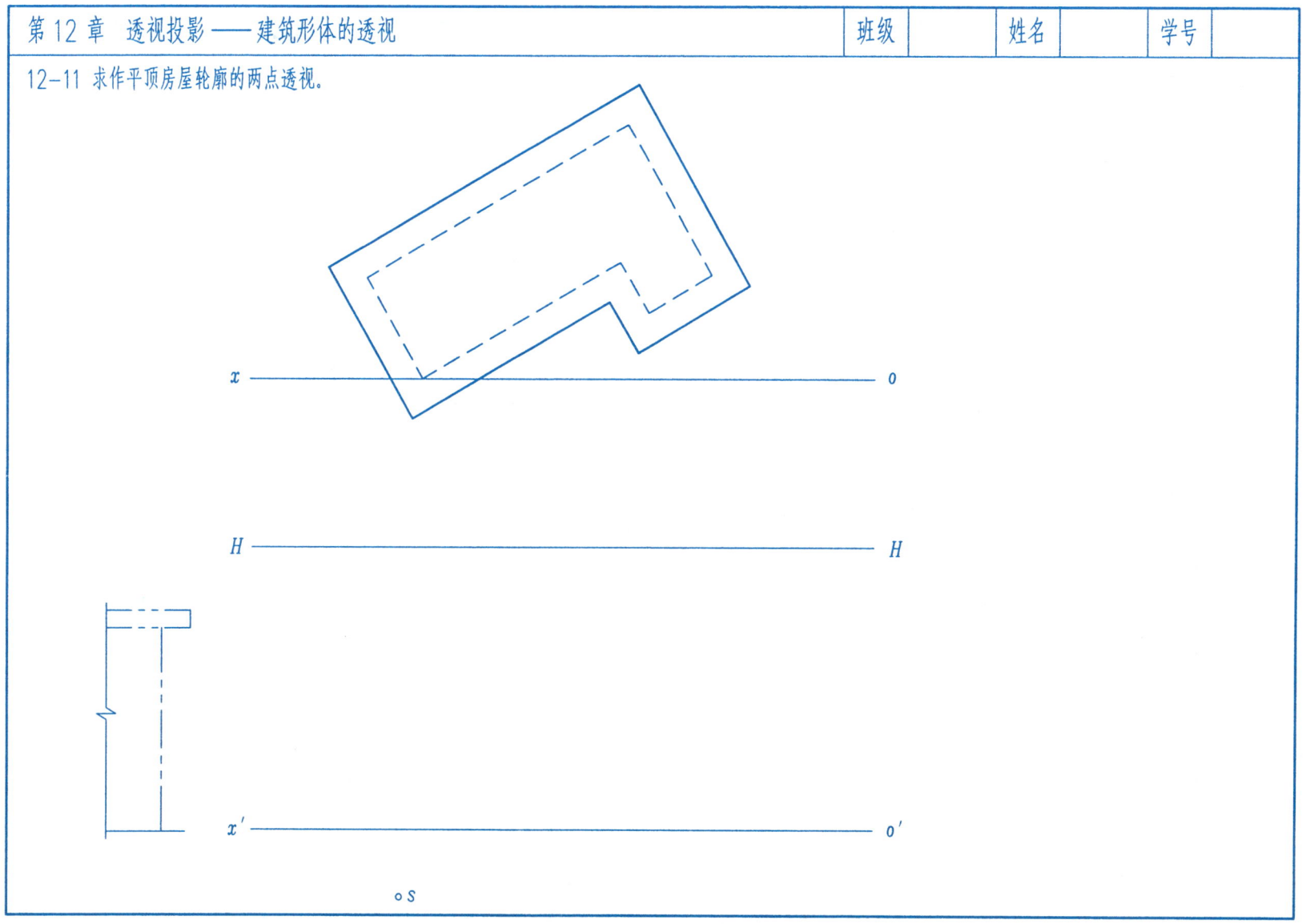

第 12 章 透视投影——建筑形体的透视

12-12 求作窗洞、窗台的两点透视。

| 第 12 章 透视投影——建筑形体的透视 | 班级 | 姓名 | 学号 |

12-13 求作雨篷、门洞的两点透视。

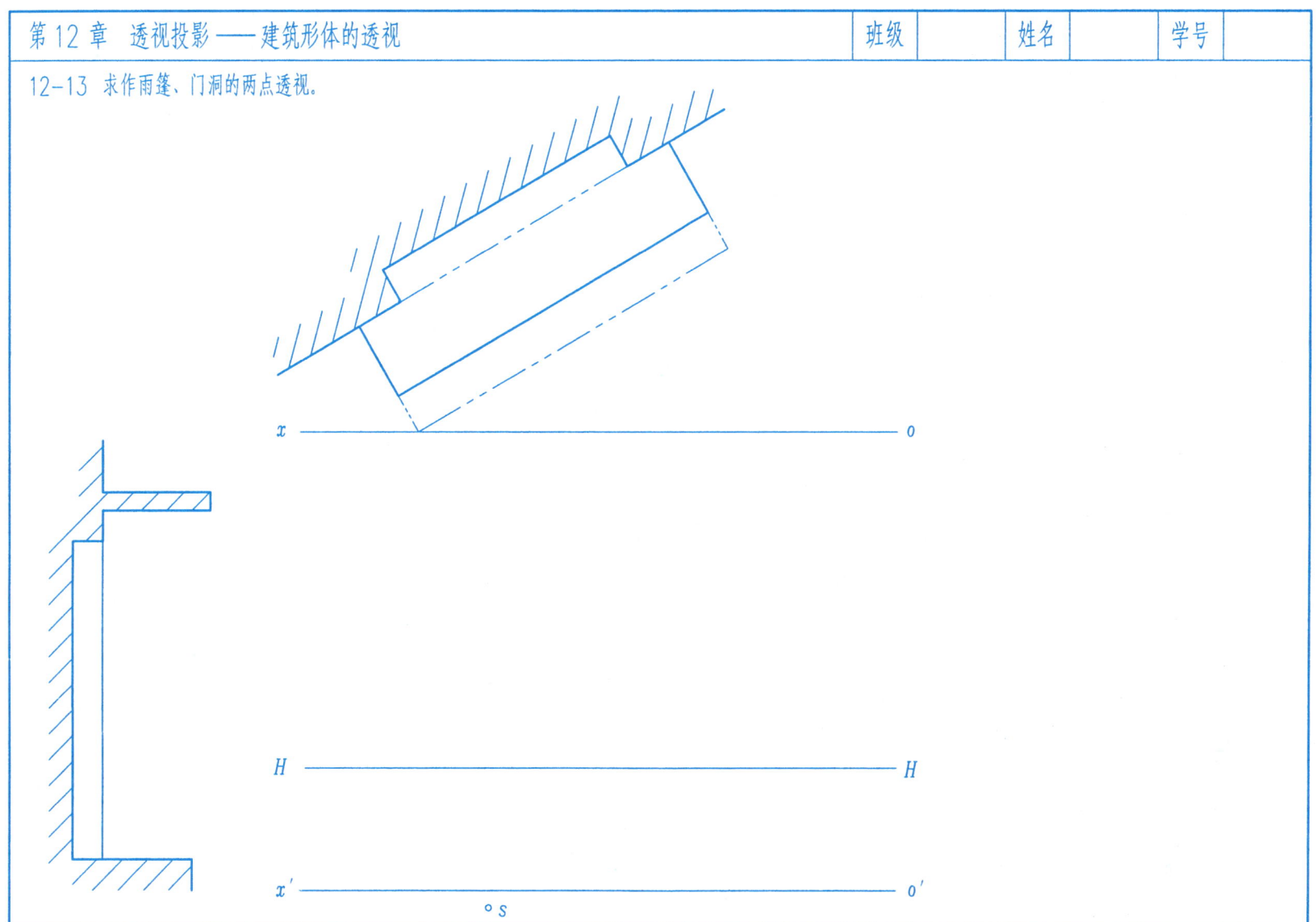

第 12 章 透视投影——建筑形体的透视

12-14 求作台阶的两点透视。

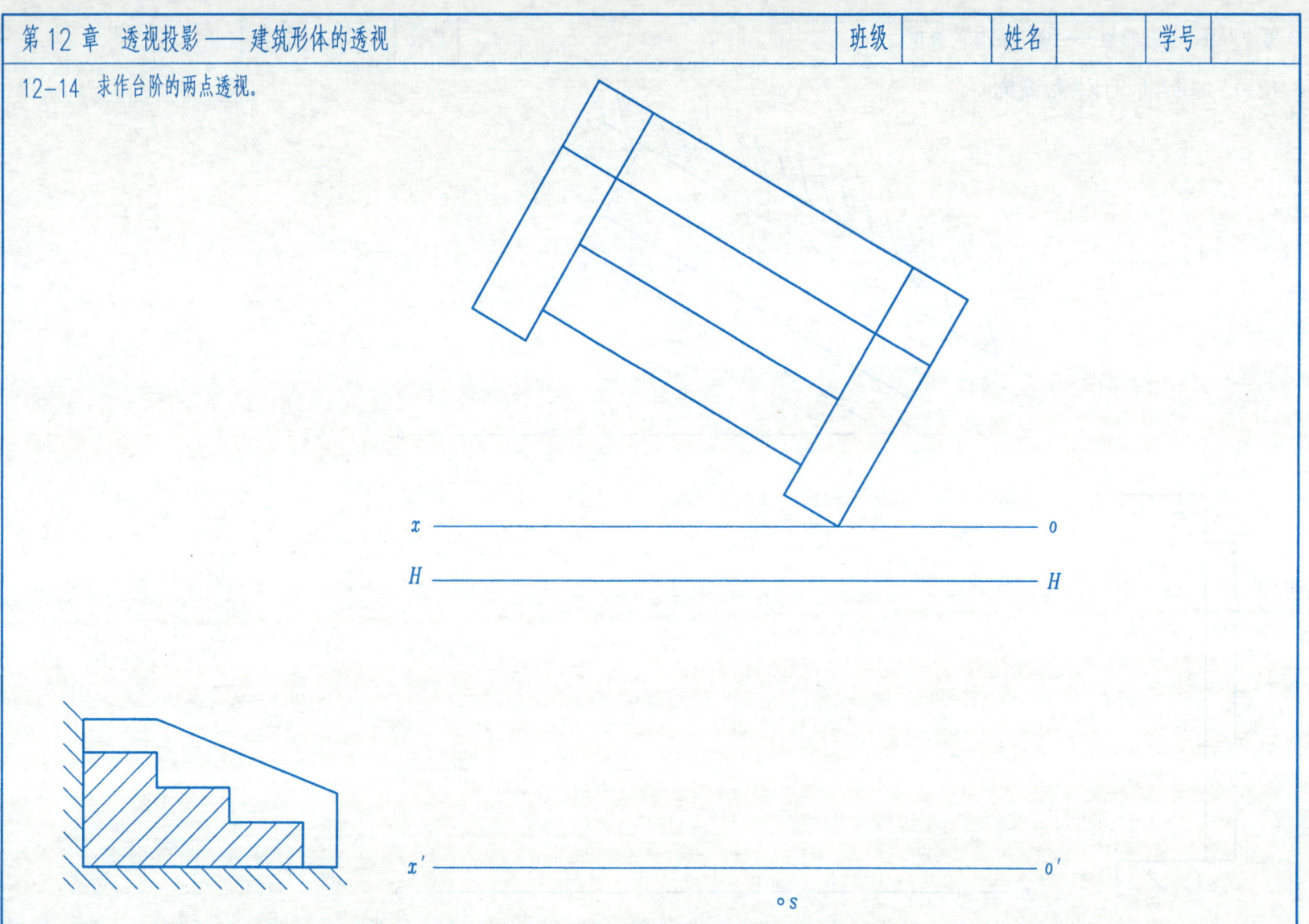

— 76 —

| 第 12 章　透视投影——建筑形体的透视 | 班级　　姓名　　学号 |

12-15 在透视图中,将铅垂面划分成 3 个相等的竖条。

12-16 在同一透视平面内连续画 4 个与已知竖条相同的竖条。

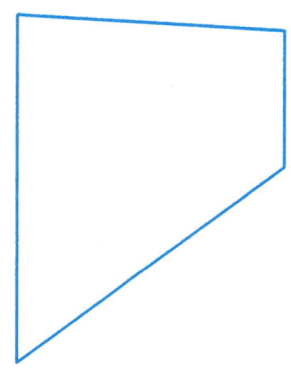

12-17 在透视图中,将铅垂面划分成 4 个相同矩形。

12-18 在透视图中,按图示距离再画 3 个与已知方柱相同的柱。

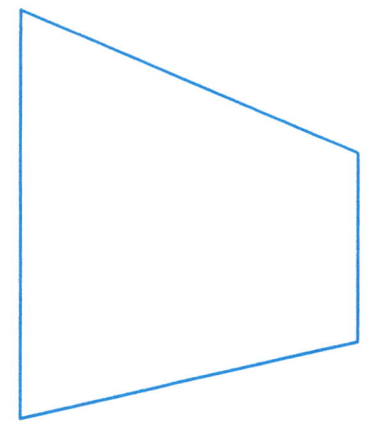

| 第 12 章　透视投影——建筑形体的透视 | 班级 | 姓名 | 学号 |

12-19　求作墙体及其门、窗、阳台等细部的透视。

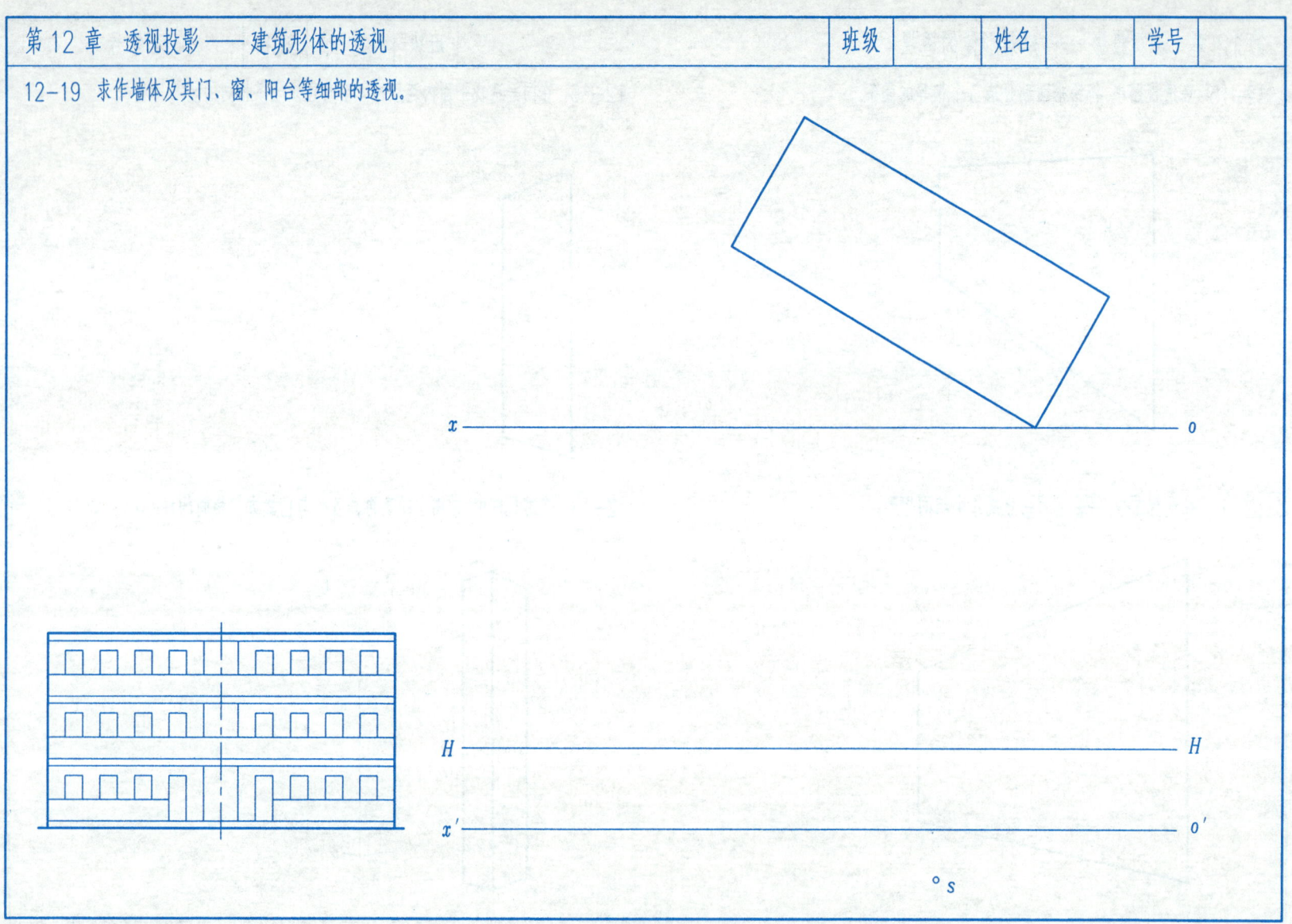

第 12 章 透视投影——建筑形体的透视

12-20 求作带圆拱门墙的两点透视。

第12章 透视投影——建筑形体的透视

12-21 求作楼梯间的一点透视。

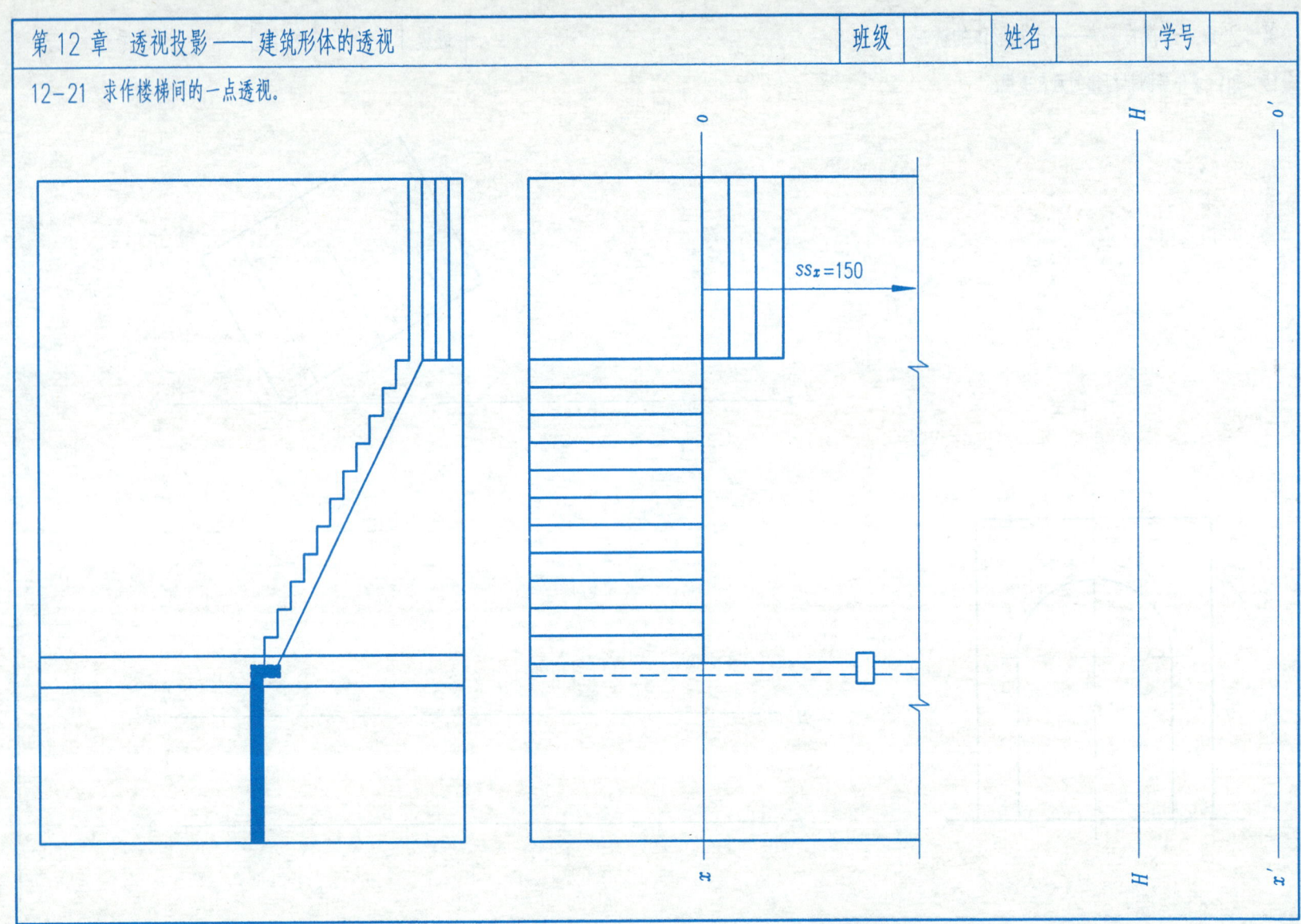

第13章 制图的基本知识——制图的基本规定

13-1 长仿宋字的练习。

水利建筑制图闸桥洞渡槽房屋楼梯门窗阳雨篷梁板柱沟

农林科技大学班级姓名院校施工导流压力管道天棚吊顶检查孔玻璃厘毫其余

最高低设计校洪水位素填夯实挖分界线混凝黏土铺盖顶海漫护坦钢筋结构隔

第 13 章 制图的基本知识——制图的基本规定

13-2 拉丁字母、阿拉伯数字的练习。

ABCDEFGHIJKLMNOPQRSTUVWXYZ

abcdefghijklmnopqrstuvwxyz

ABCDEFGHIJKLMNOPQRSTUVWXYZ

abcdefghijklmnopqrstuvwxyz

1234567890

第13章 制图的基本知识——制图的基本规定

13-3 在右侧绘出相同的线型和图形。

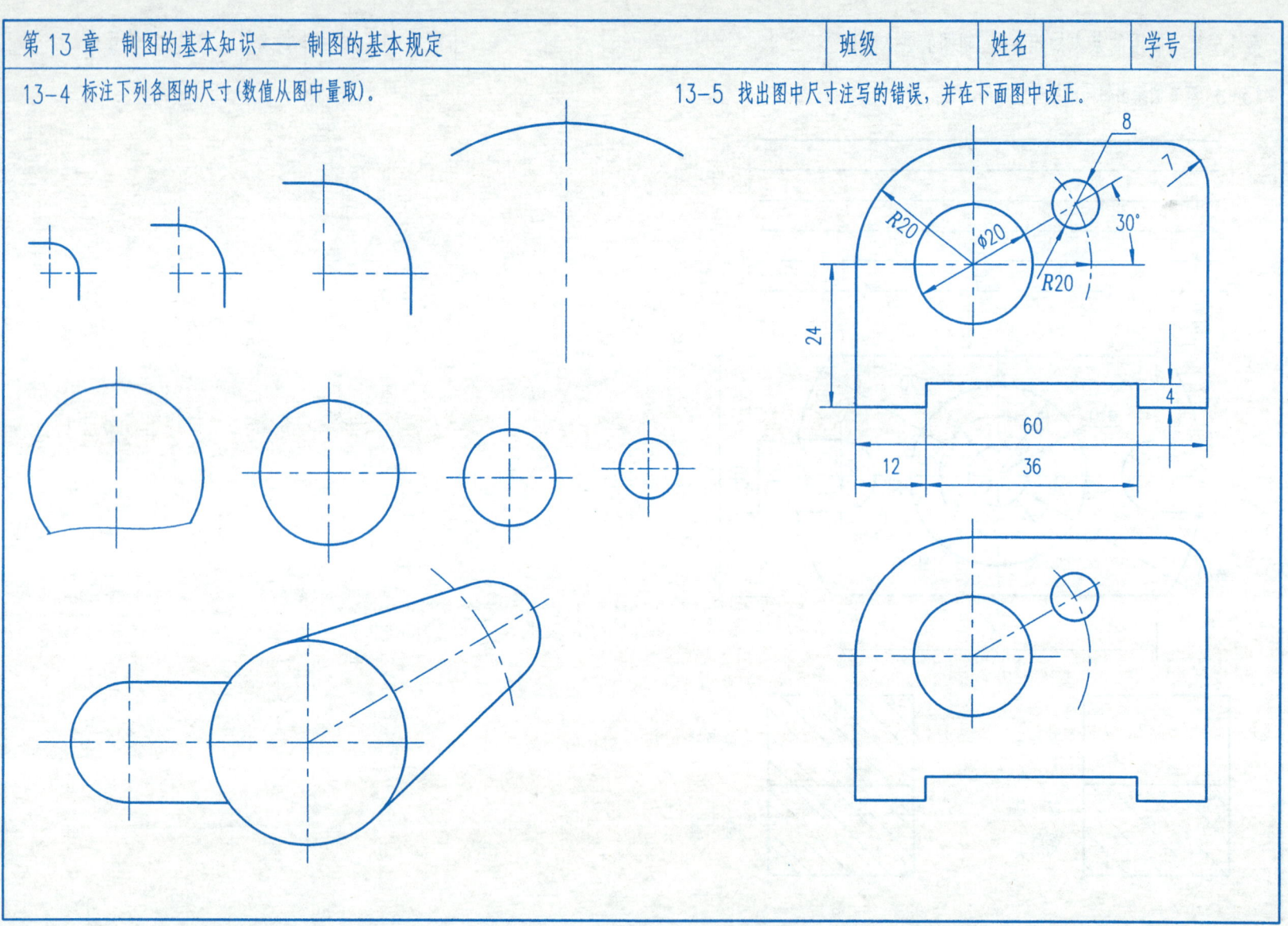

第 13 章 制图的基本知识——基本作图

13-6 按图示尺寸完成下图中的圆弧连接,并标出连接弧的圆心和切点。

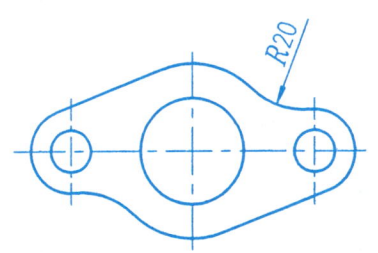
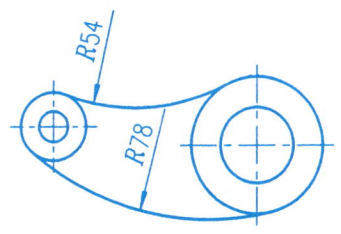
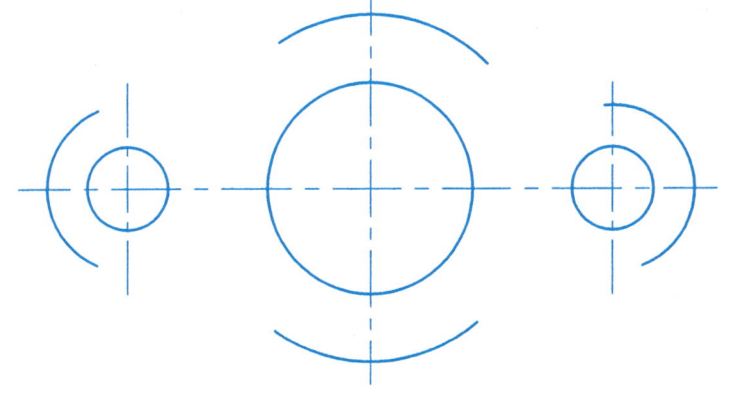
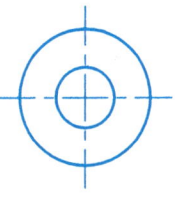
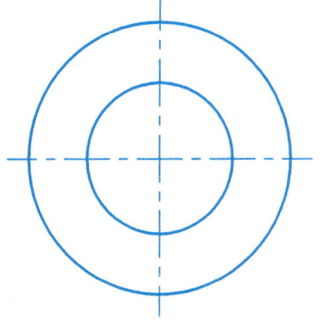

第 13 章 　制图的基本知识——基本作图		班级		姓名		学号	

13-7 画出圆内接正五边形。

13-9 按 1:1 抄绘左上角的图形。

13-8 已知长轴 AB、短轴 CD，用同心圆法作椭圆。

第13章 制图的基本知识——平面图形绘制	班级	姓名	学号

平面图形绘制作业指示书

一、目的

(1) 熟悉"国标"中图幅、格式、比例及字体、线型、尺寸注法的基本规定。

(2) 掌握主要绘图工具和仪器的使用方法。

(3) 掌握手工绘制各种图线、图形的基本技能；通过图形分析，掌握平面图形绘制的步骤和方法。

二、内容和要求

(1) 在A4图纸上抄绘本习题集P89~P91页中：水利类选13-10、13-11，建筑类选13-10、13-12。

(2) 粗实线的宽度取0.6 mm，其余线型宽度按规定的线宽比确定。

(3) 按范图所示的比例尺布置并绘制平面图形，做到图面整洁，图线分明、光滑，尺寸标注正确、整齐，字体工整。

(4) 图中的汉字一律用长仿宋体，打格书写。图名用6号字，尺寸数字用3.5号字，其他用5号字。

三、作图步骤和注意事项

1. 准备工作

(1) 阅读资料，明确本次作业的目的、内容和要求。

(2) 准备绘图工具和仪器，并用软布擦拭干净。为保持图面整洁，图纸宜另备干净纸覆盖。

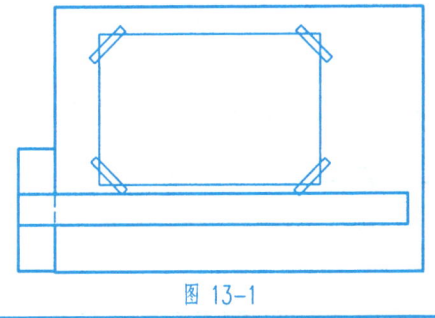

图 13-1

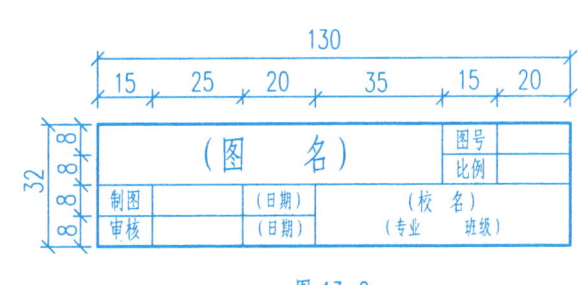

图 13-2

(3) 按图13-1的形式粘贴图纸，纸的上下边与丁字尺平行。贴好后，即按规定轻轻匀出图框和标题栏，标题栏的格式见图13-2(单位：mm)。

(4) 绘图工具和资料放在便于取且不影响作图的地方。

2. 画底稿

(1) 先画图形的基准线、对称轴线和圆的中心线，笔力要轻，图纸中的图形位置应与范图基本一致。

(2) 用细实线由大到小、由整体到局部轻画所有图线(要能区分线型)。

(3) 画平面图形前，应先进行尺寸分析，明确各线段的类别，再确定作图的次序。

(4) 当两线段相切时，必须先找出切点后再连接，以保证图线光滑衔接。

(5) 画尺寸界线和尺寸线。尺寸线和轮廓线、尺寸线与尺寸线之间的距离应不小于6 mm，尺寸界线应超出尺寸线2 mm。

(6) 认真检查图线及所标的尺寸，确认完整无误后，擦去多余的作图线。

3. 铅笔描深

(1) 按先粗后细、先曲后直、先平后竖再斜的顺序描深所有图线。

(2) 同心圆应先描小圆再描大圆；多圆弧连接要依次描深，每次保证一个切点光滑。

(3) 描深直线时，一般铅笔应往返一次，用力要均匀。各水平线由左及右、竖直线自上而下依次描出，以保证图面整洁。

(4) 用细点划线描深所有的对称轴线和圆的中心线。

(5) 标注尺寸数字，画材料符号，注写文字说明和填写标题栏。

(6) 用粗实线描深图框和标题栏的外框线，细实线描深标题栏的内分格线。

4. 作图注意事项

(1) 用锥形"H"铅笔画底稿，用楔形"B"铅笔描深粗实线，用锥形"HB"铅笔描深细实线、细点划线和写字。

(2) 同类线型的粗细、浓淡一致，是"线型分明"的关键，为此，同类线最好集中一次描出并及时磨削铅芯。

(3) 为保证图线准确、连接光滑，还需注意：描深粗实线应以底稿线为中心线，用圆规描深曲线时，所用铅芯应比画直线的铅芯软一号。

13-10 在 A4 图纸上,按 1:2 抄绘下列各图形.

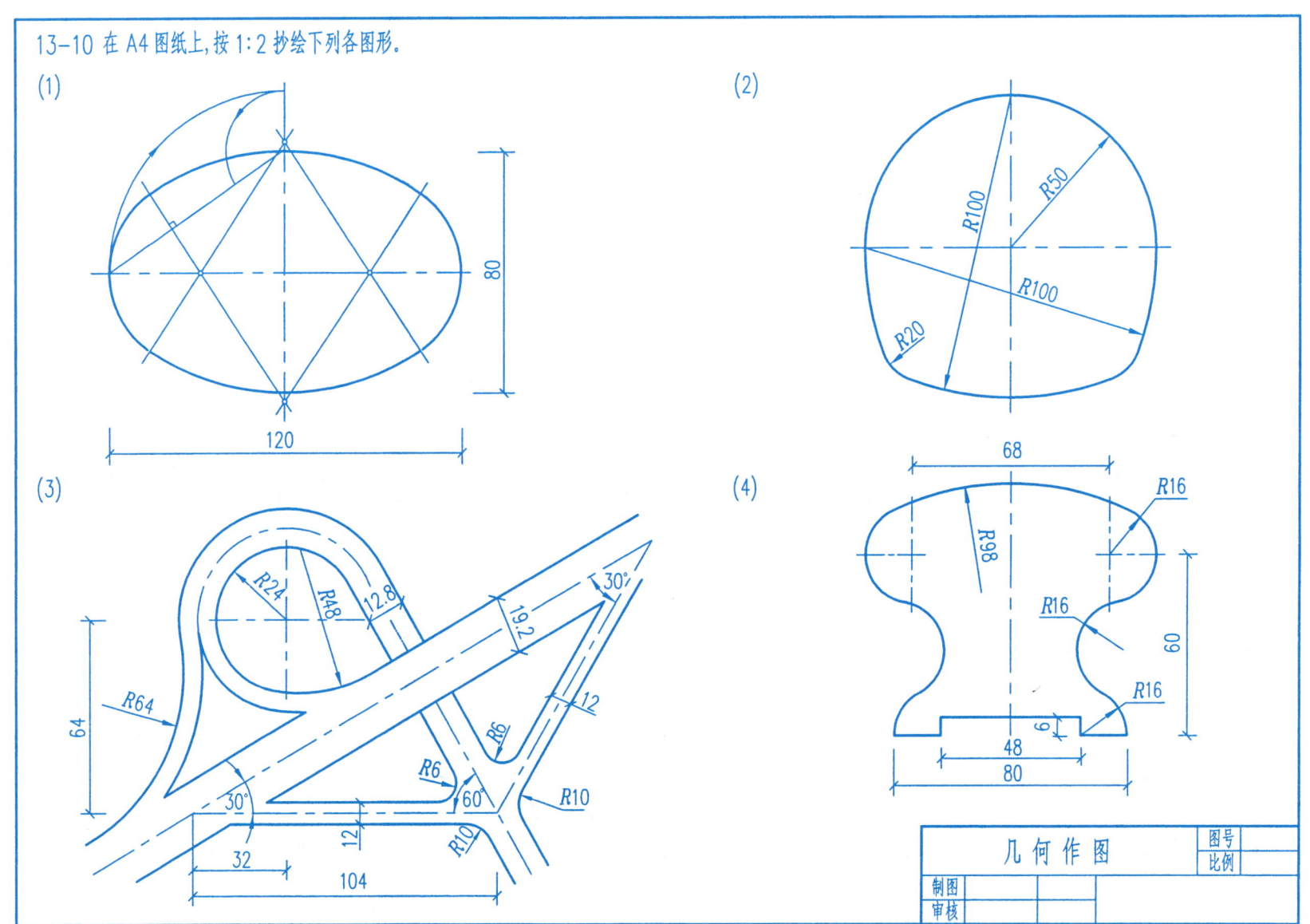

13-11 在 A4 图纸上,按 1∶150 抄绘溢流坝典型剖面图。

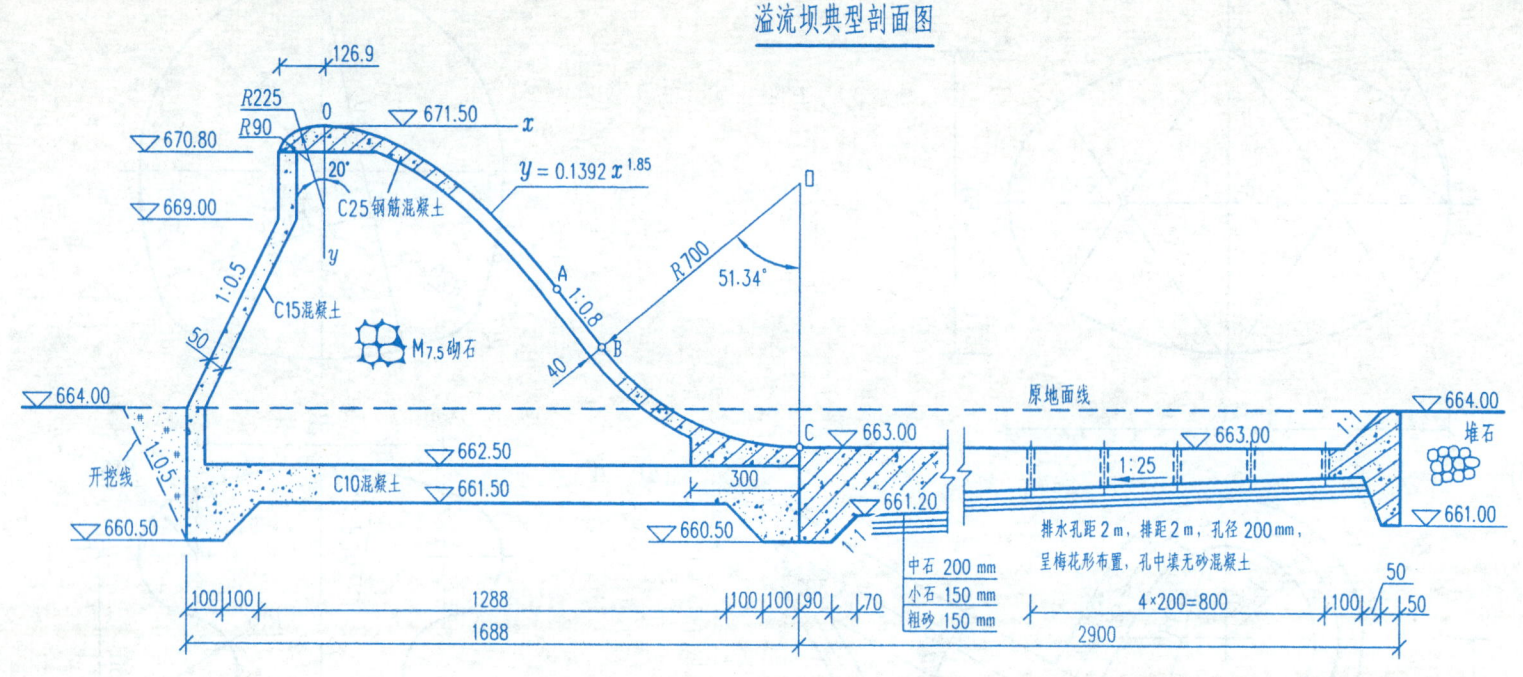

溢流坝典型剖面图

坝面曲线坐标(m)

WES 堰面曲线 $y = 0.1392 x^{1.85}$													A点	B点	C点
x	0	0.5	1.0	1.5	2.0	2.5	3.0	3.5	4.0	4.5	5.0	5.5	6.0	6.41	7.645	13.111
y	0	0.039	0.139	0.295	0.502	0.758	1.063	1.413	1.809	2.250	2.734	3.261	3.831	4.329	5.873	8.500

说明:图上除高程以 m 计外,其余尺寸均以 cm 计。

溢流坝典型剖面图	图号	
	比例	
制图		
审核		

13-12 在A4图纸上，按1:100抄绘房屋底层平面图。

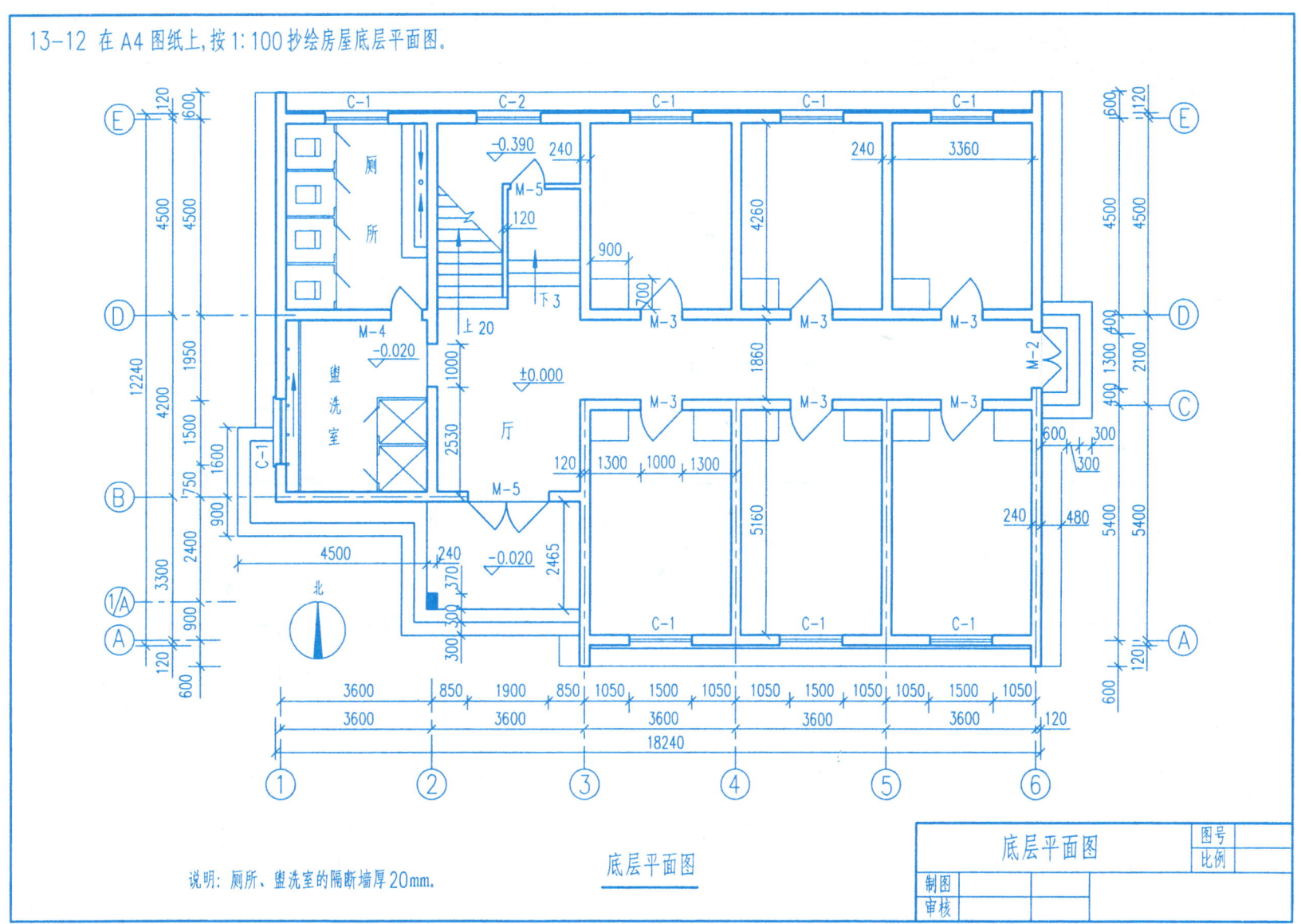

说明：厕所、盥洗室的隔断墙厚20mm。

底层平面图

第 14 章 组合体——组合体视图的画法

14-1 根据组合体的两面投影，补画第三面投影。

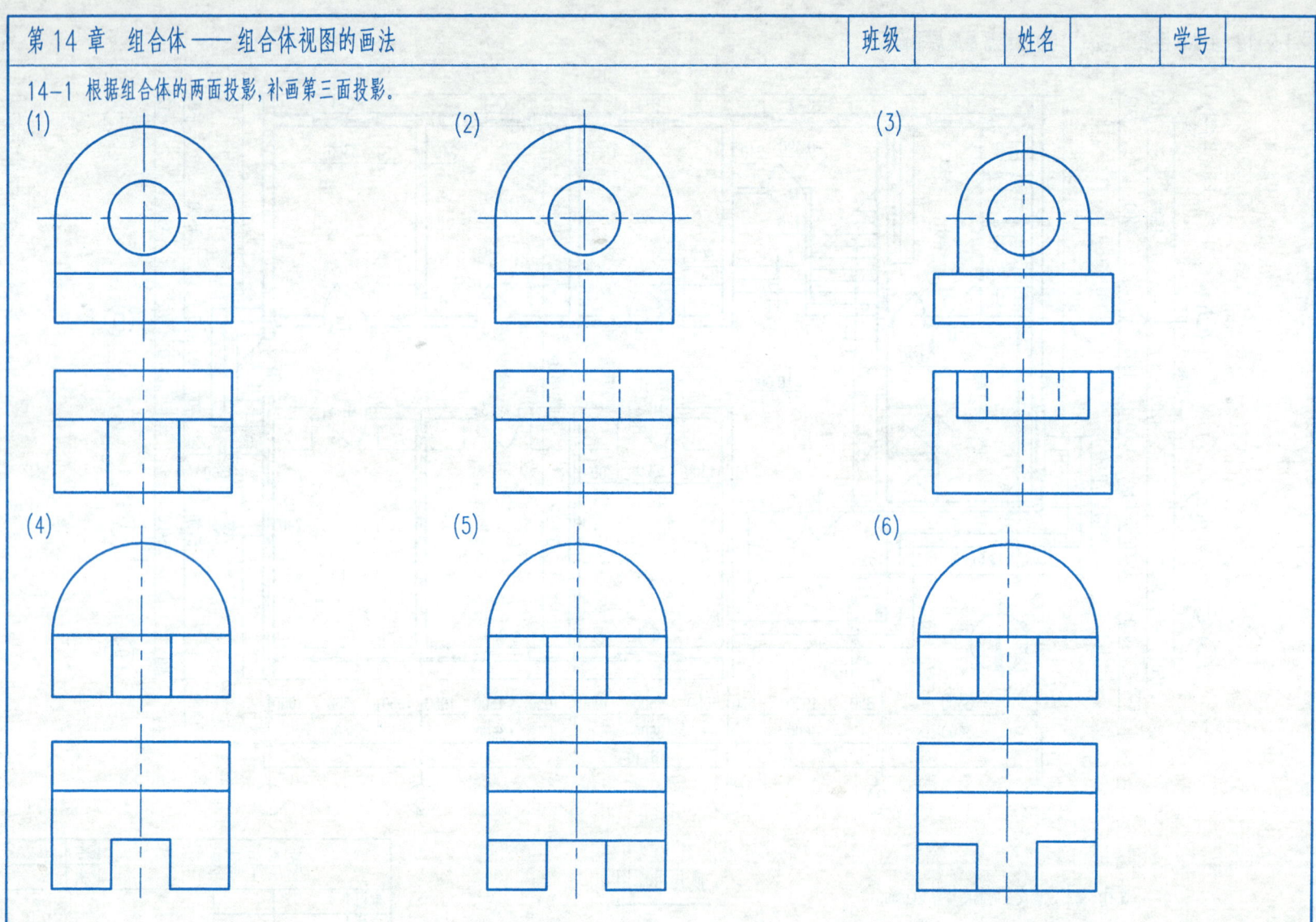

| 第14章 组合体——组合体视图的画法 | 班级 | 姓名 | 学号 |

14-2 画出各轴测投影所示形体的三视图，并标注尺寸。

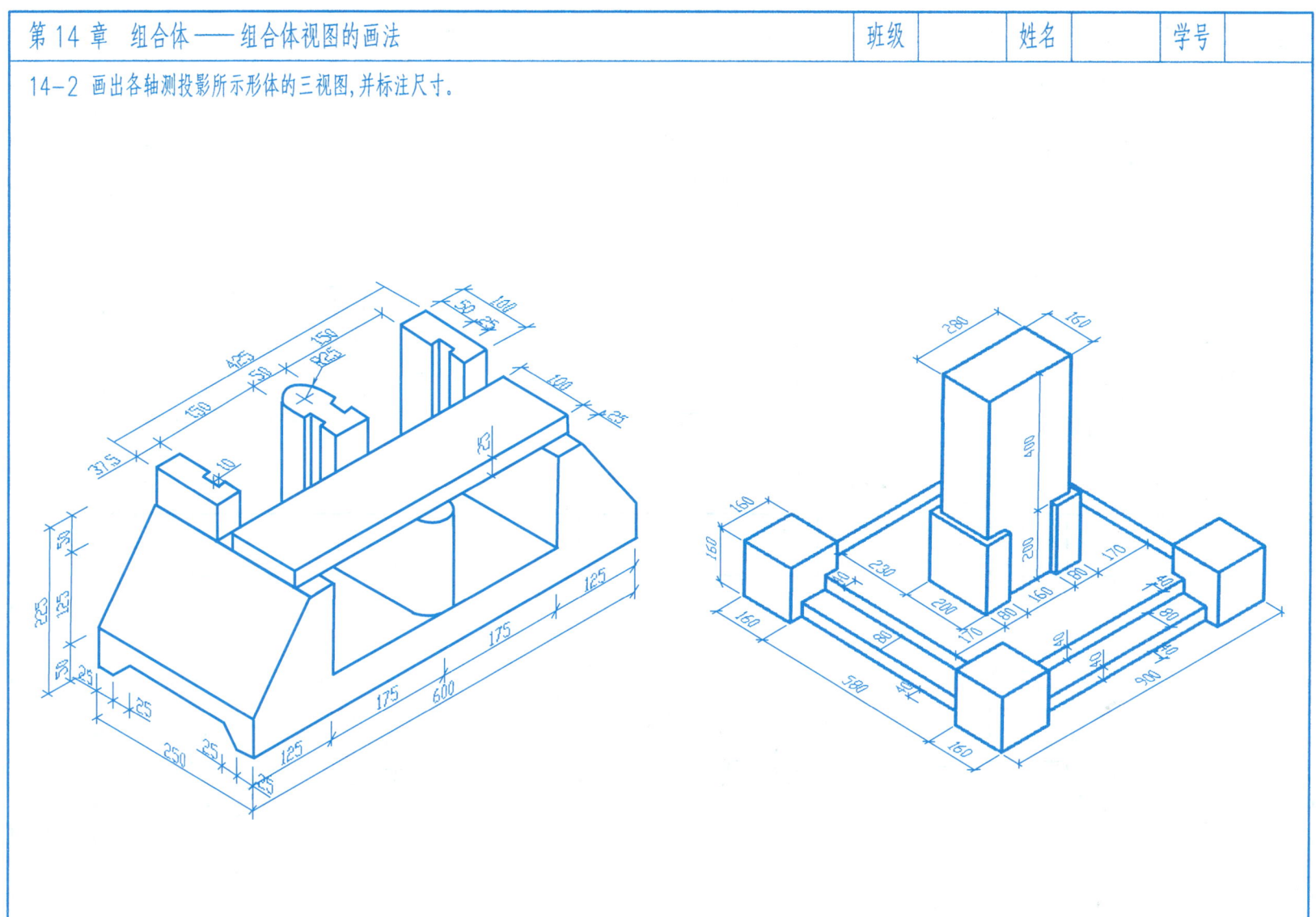

第14章 组合体——组合体的尺寸标注

14-3 标注下列各形体的尺寸(尺寸由图上量取)。

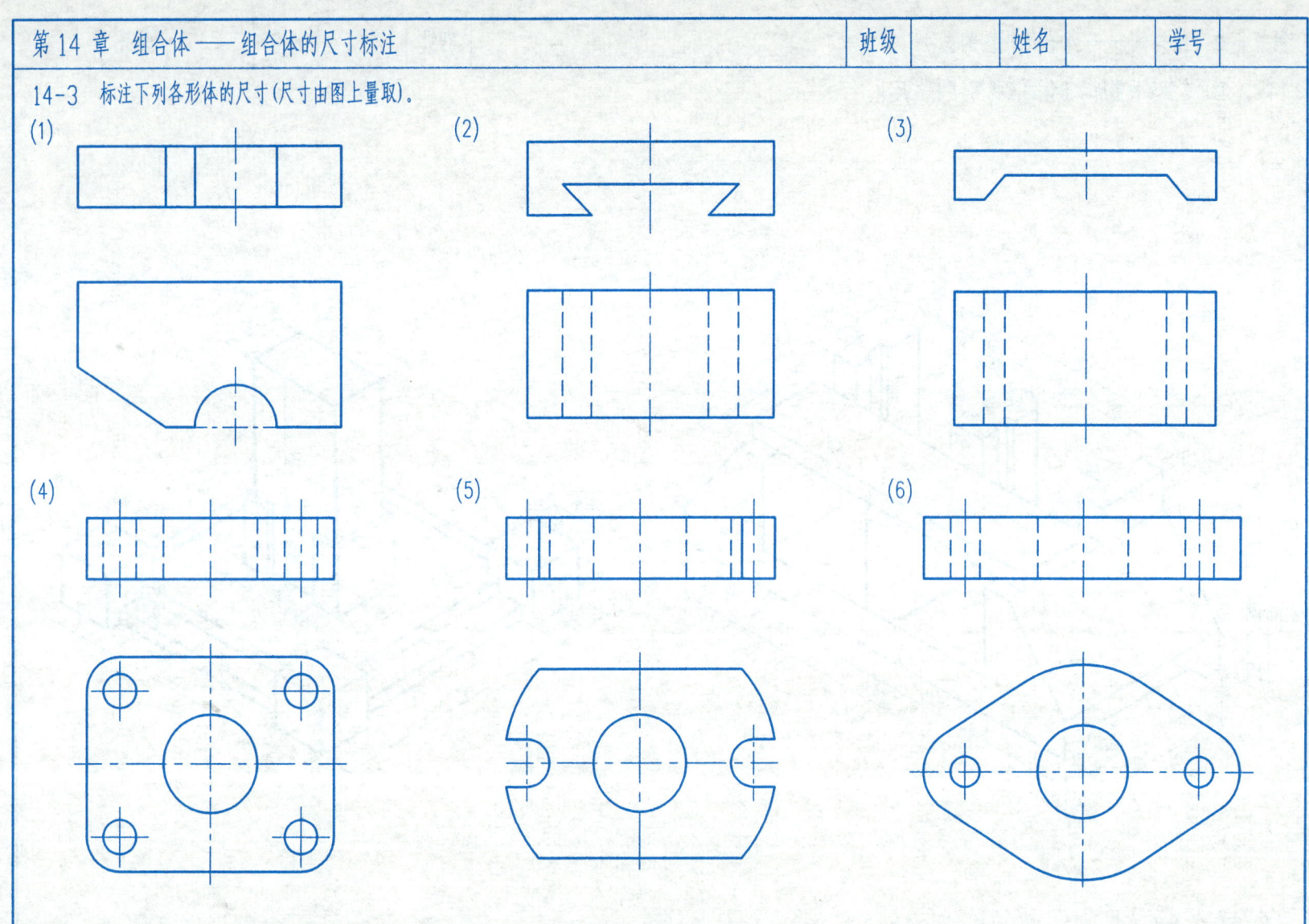

第 14 章 组合体——组合体视图的阅读

14-4 补画下列各形体的第三面视图。

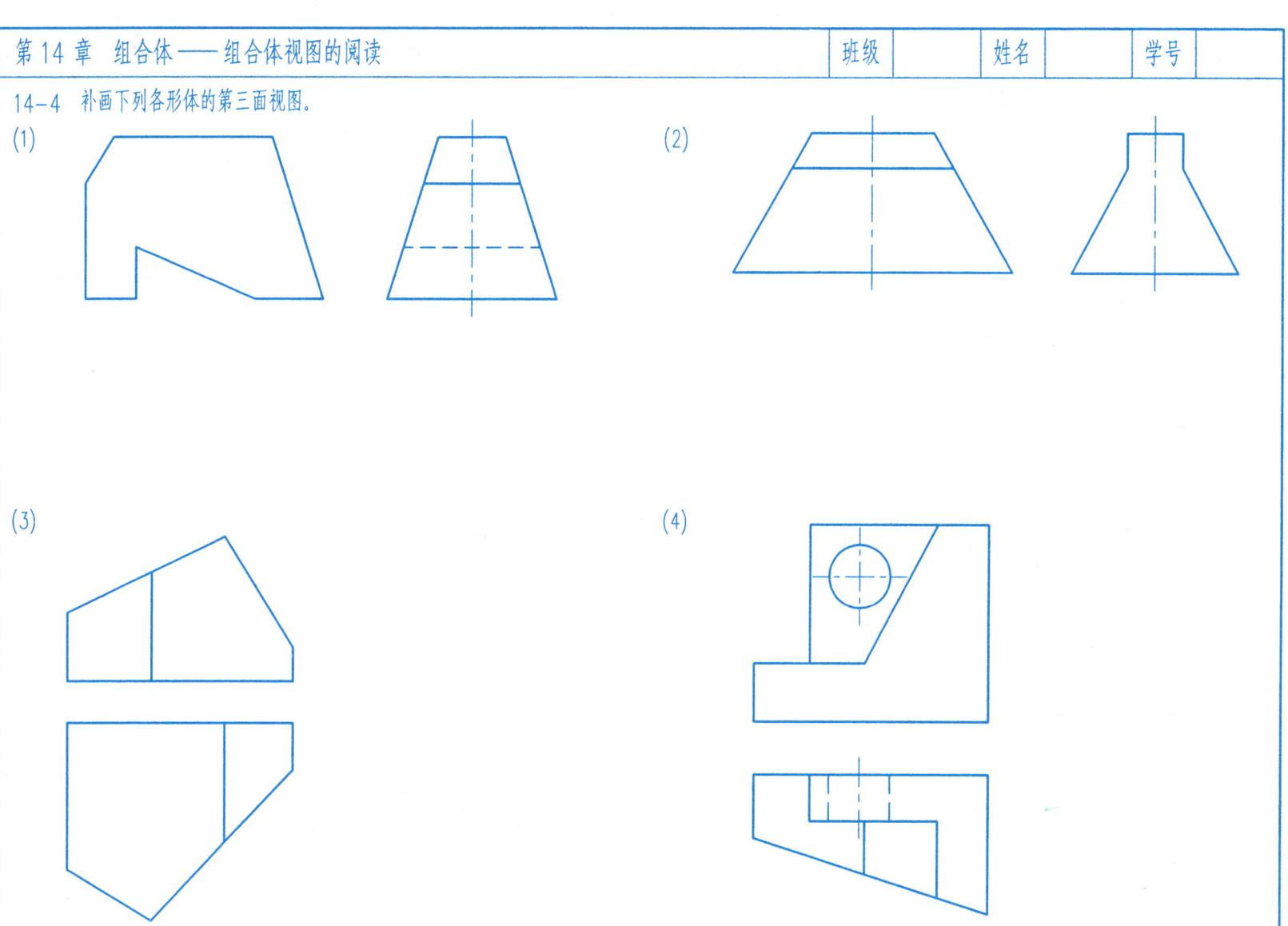

第 14 章 组合体——组合体视图的阅读

14-5 补画下列各形体的第三面视图。

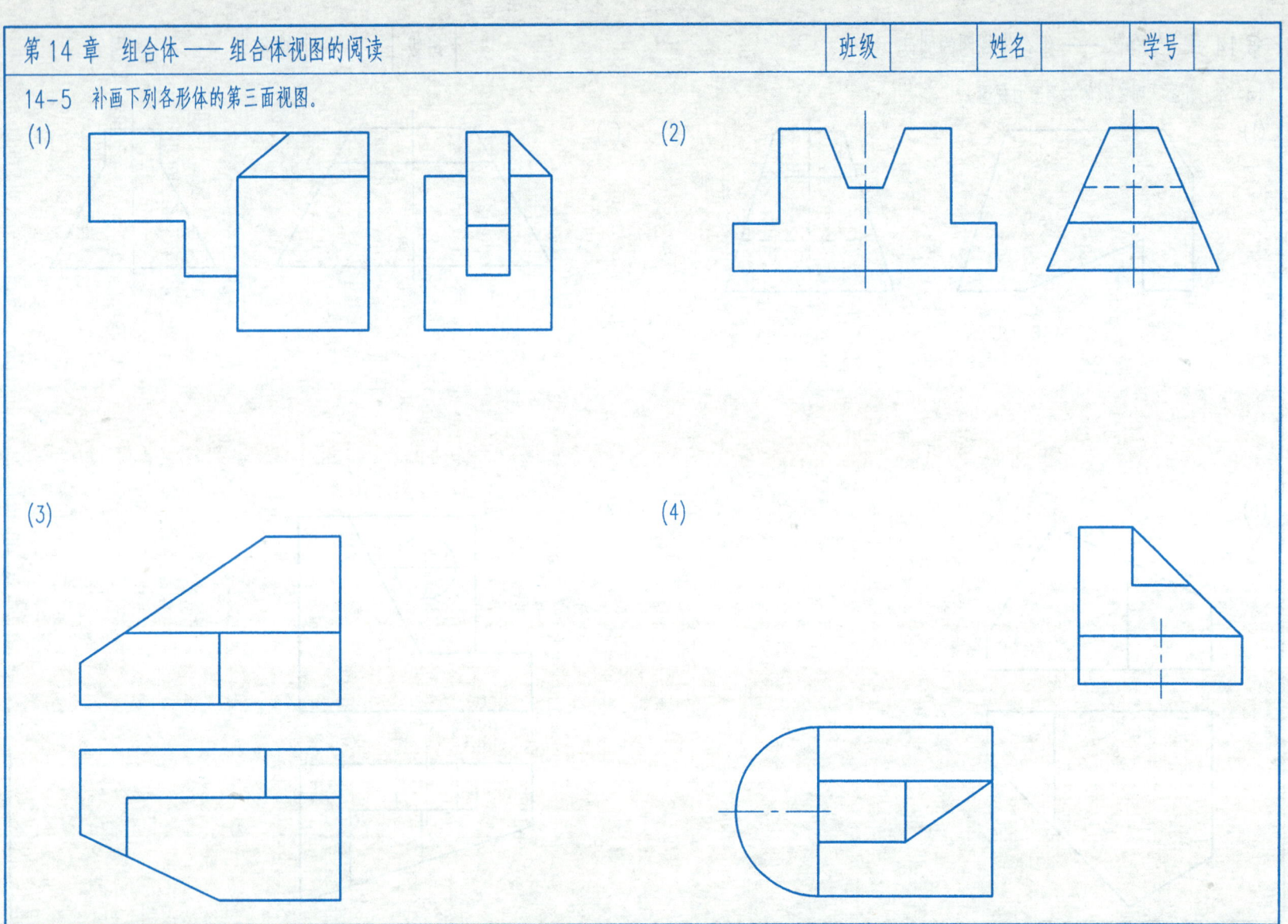

第 14 章 组合体——组合体视图的阅读

14-6 补画下列各形体的第三面视图。

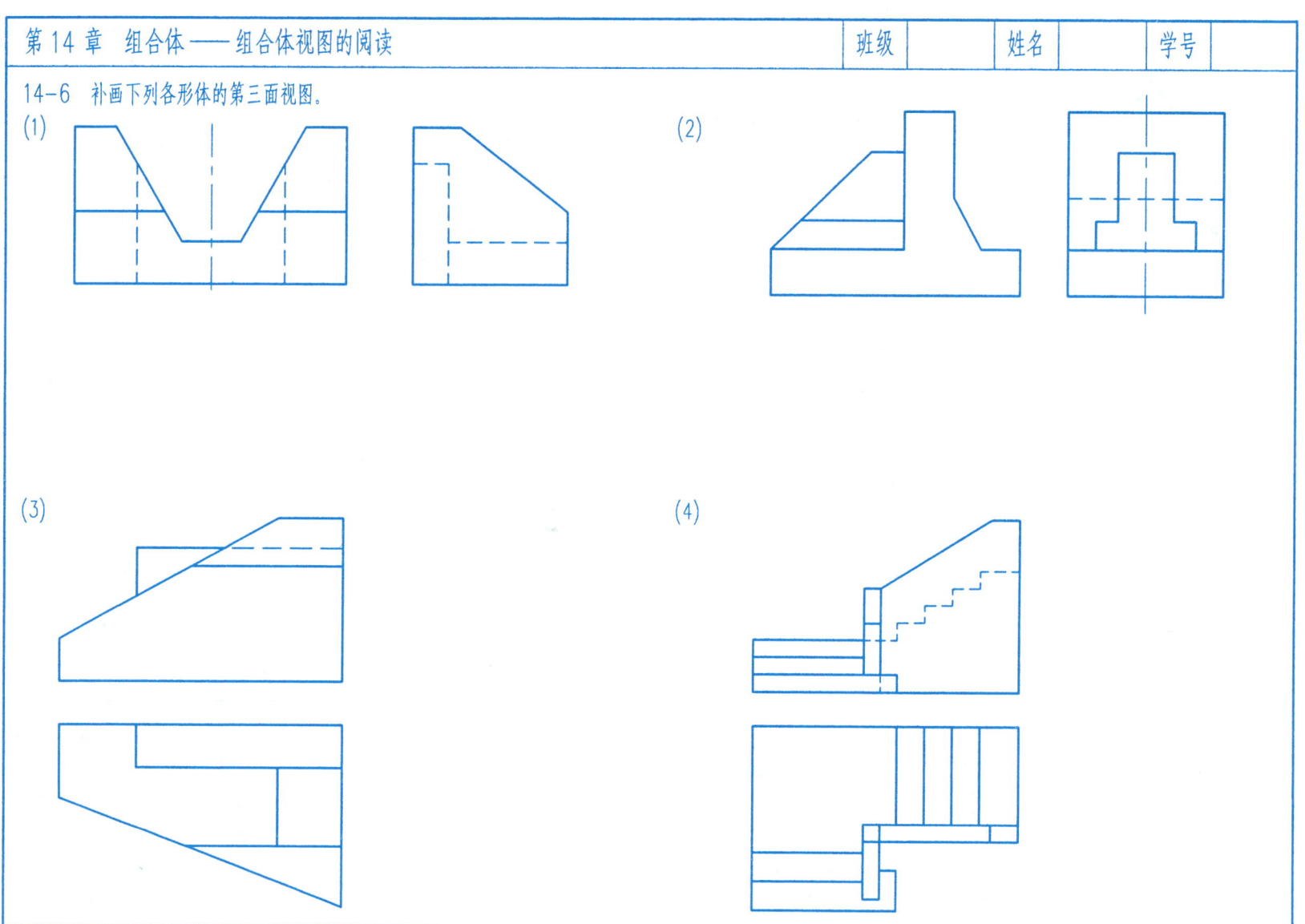

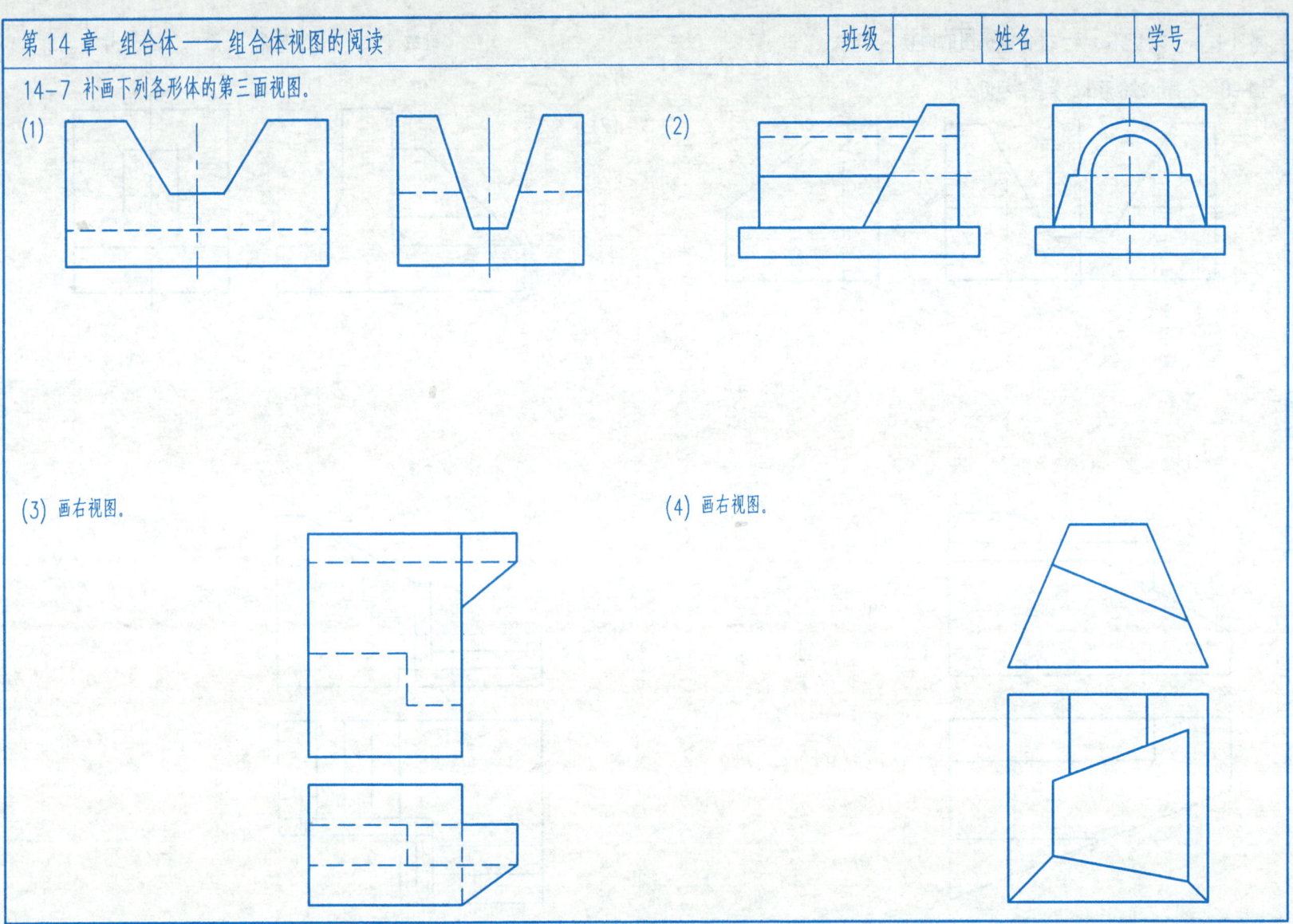

第14章 组合体——组合体视图的阅读

14-8 补画视图中所缺的线。

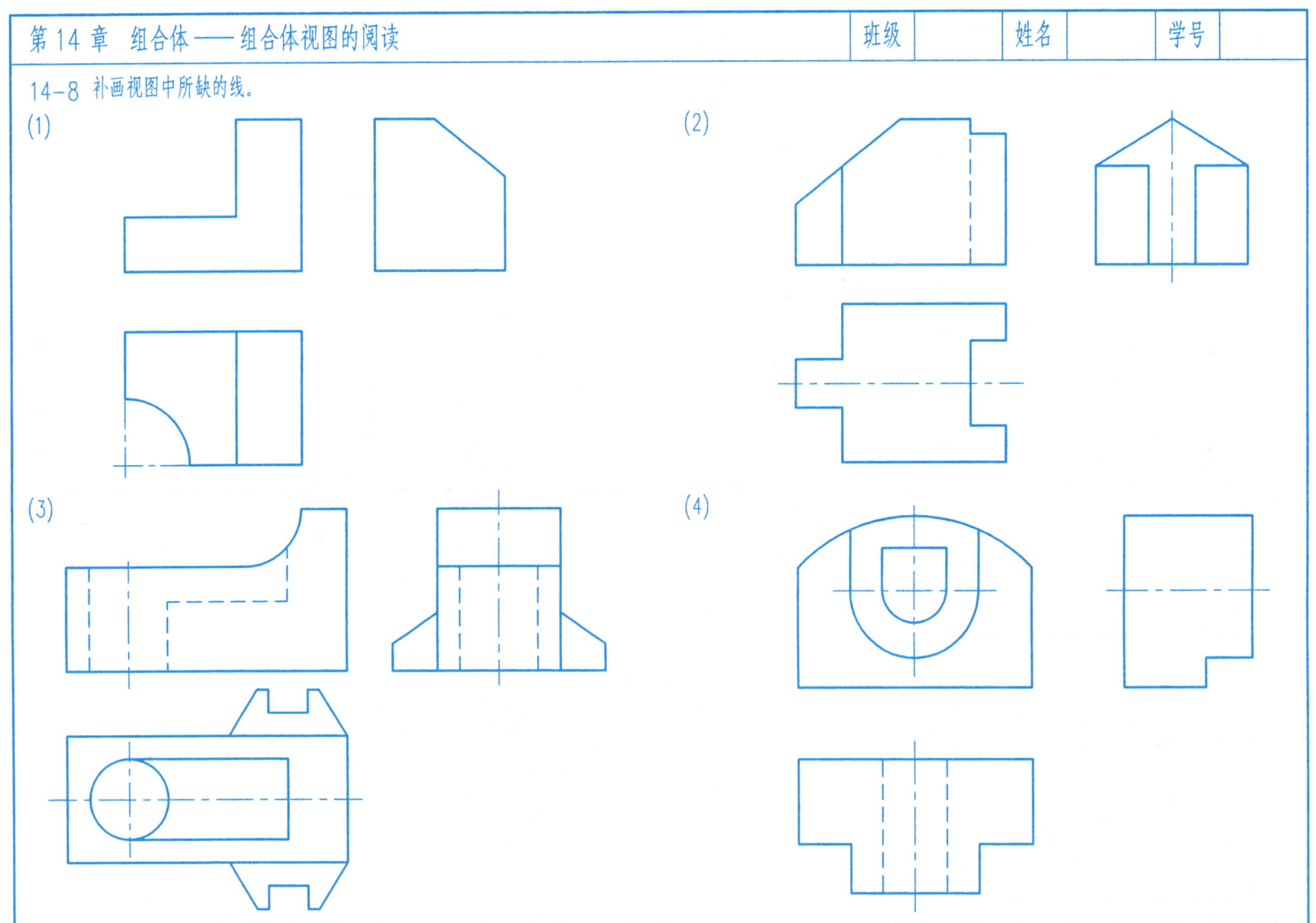

第 14 章 组合体——组合体视图的阅读

14-9 补画视图中所缺的线。

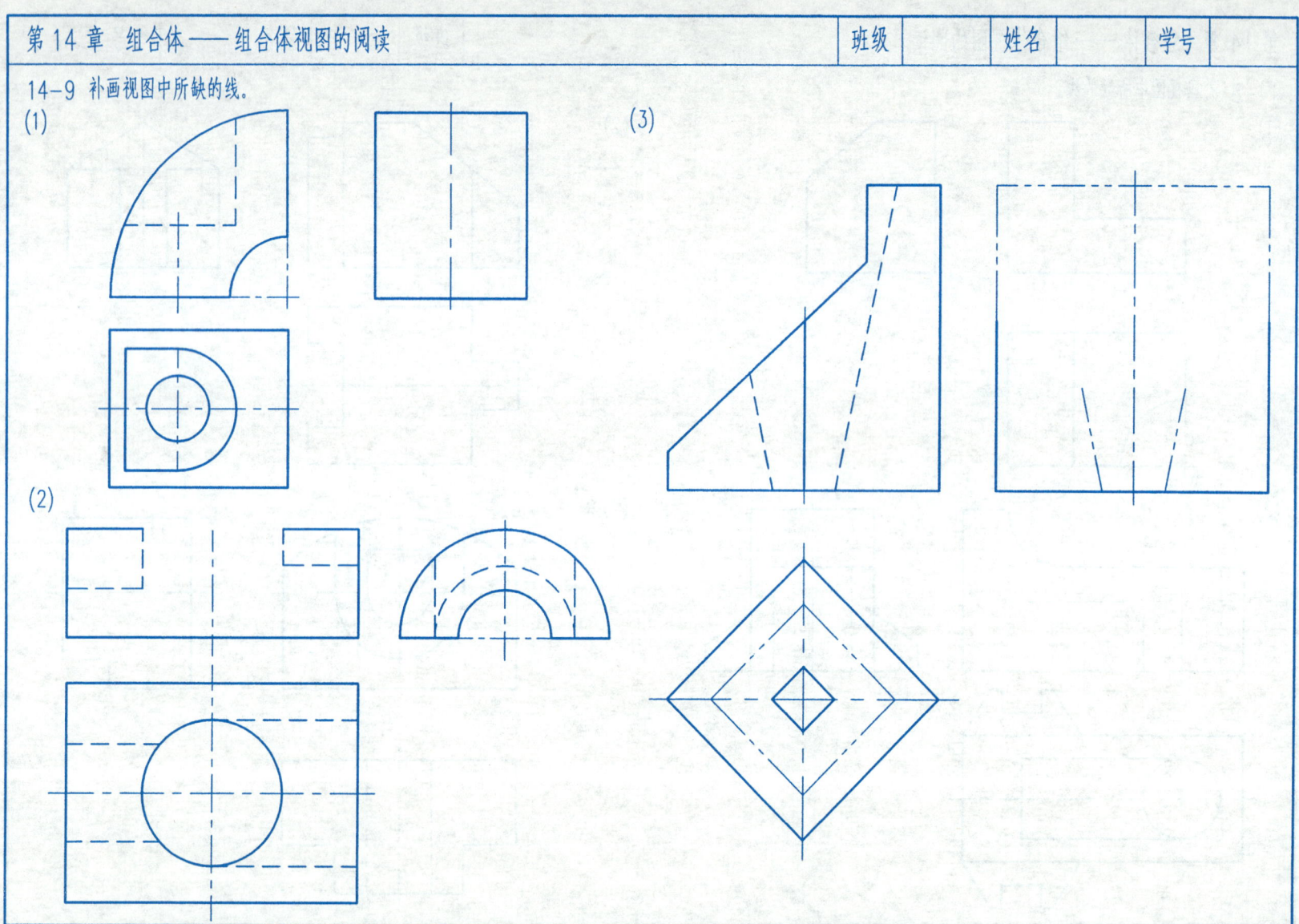

第14章 组合体——组合体视图的阅读

14-10 已知倾角 α=30° 同坡屋面檐口线的水平投影，试完成该屋面的三视图。

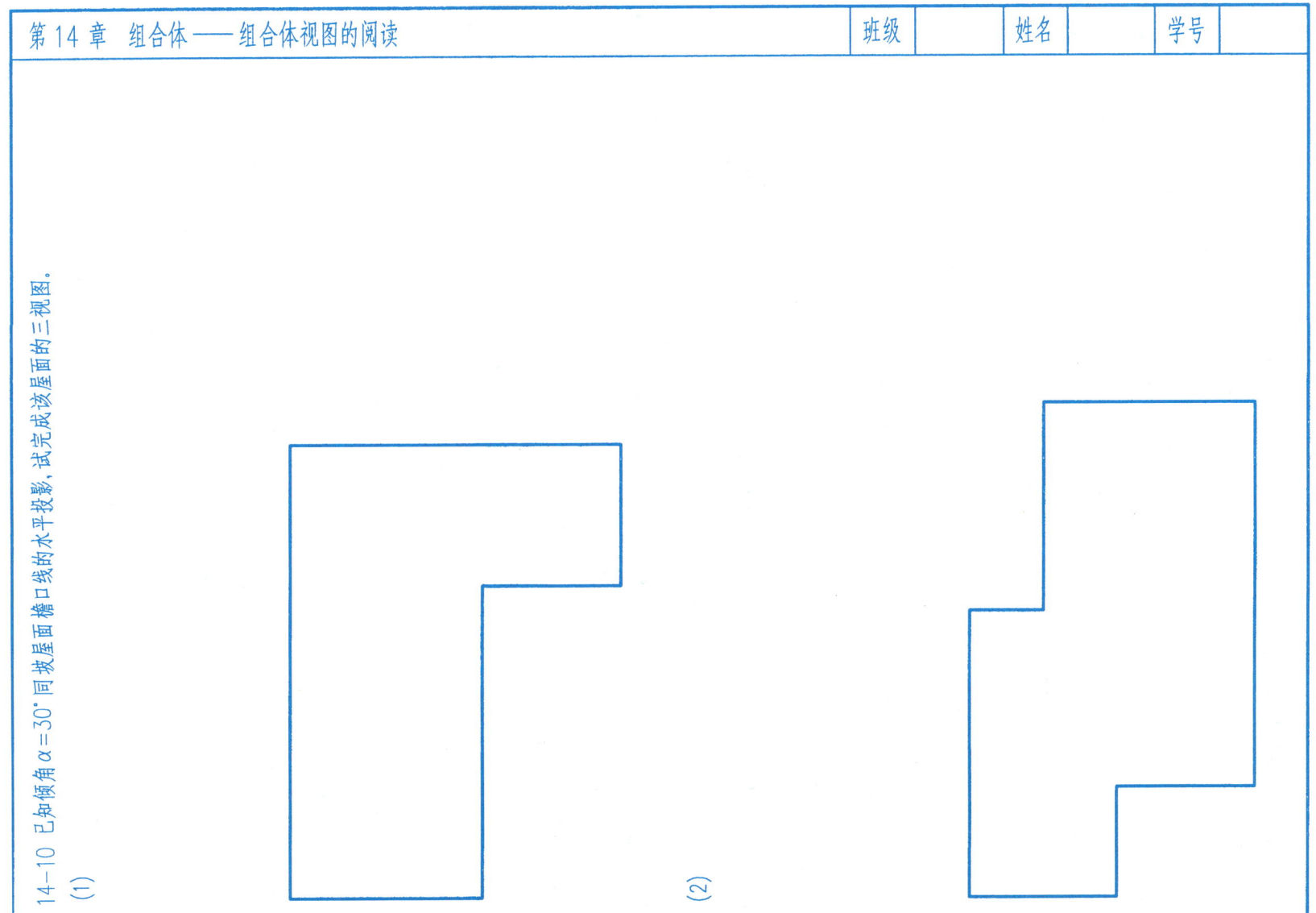

(1)　　　　　(2)

| 第 14 章 组合体——组合体视图的阅读 | 班级 | 姓名 | 学号 |

14—11 已知导圆柱直径 D、导程 P_h、踏步高 h 和梯板竖直厚 h，试画右螺旋楼梯的投影。

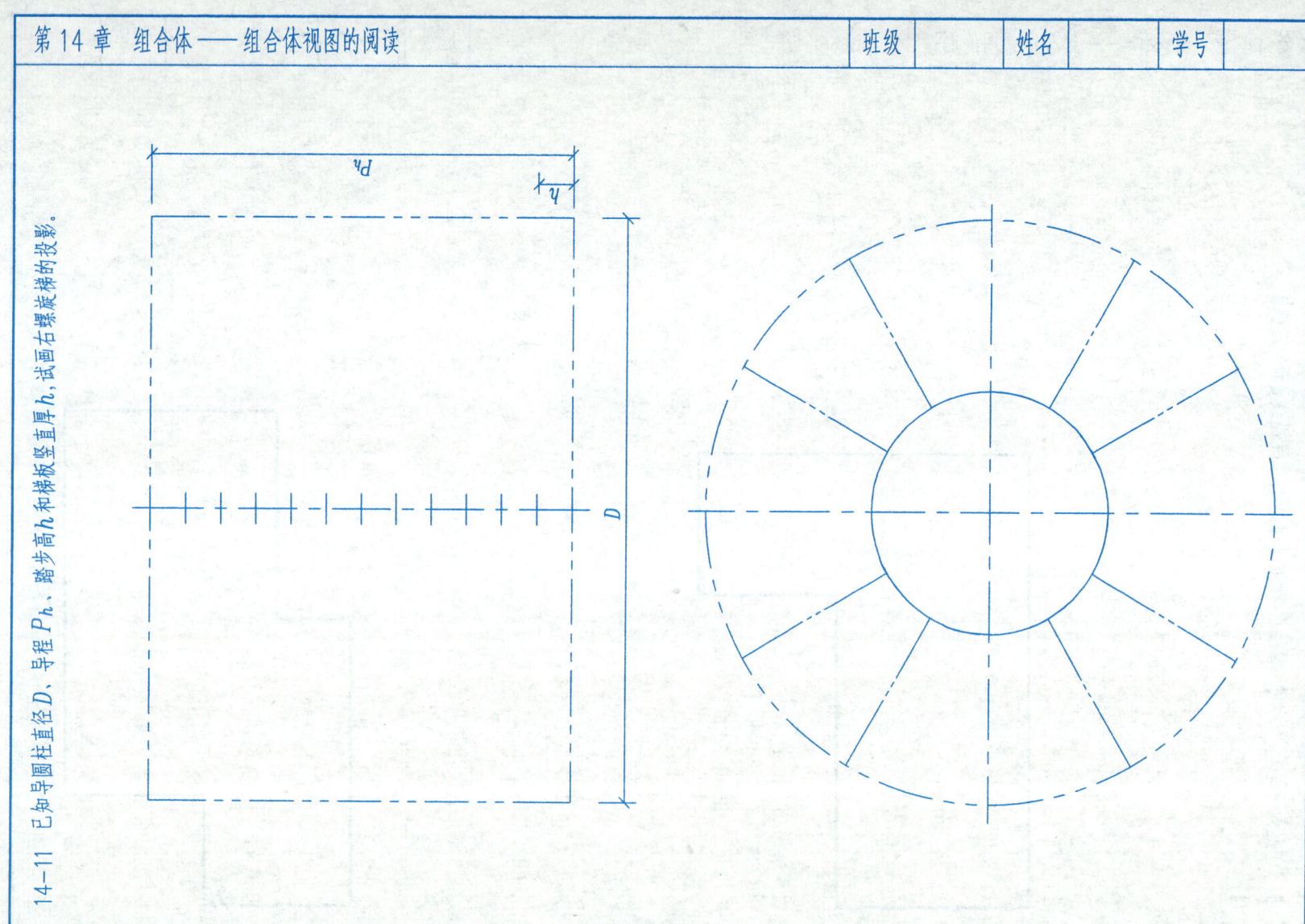

第 14 章 组合体——组合体视图的阅读

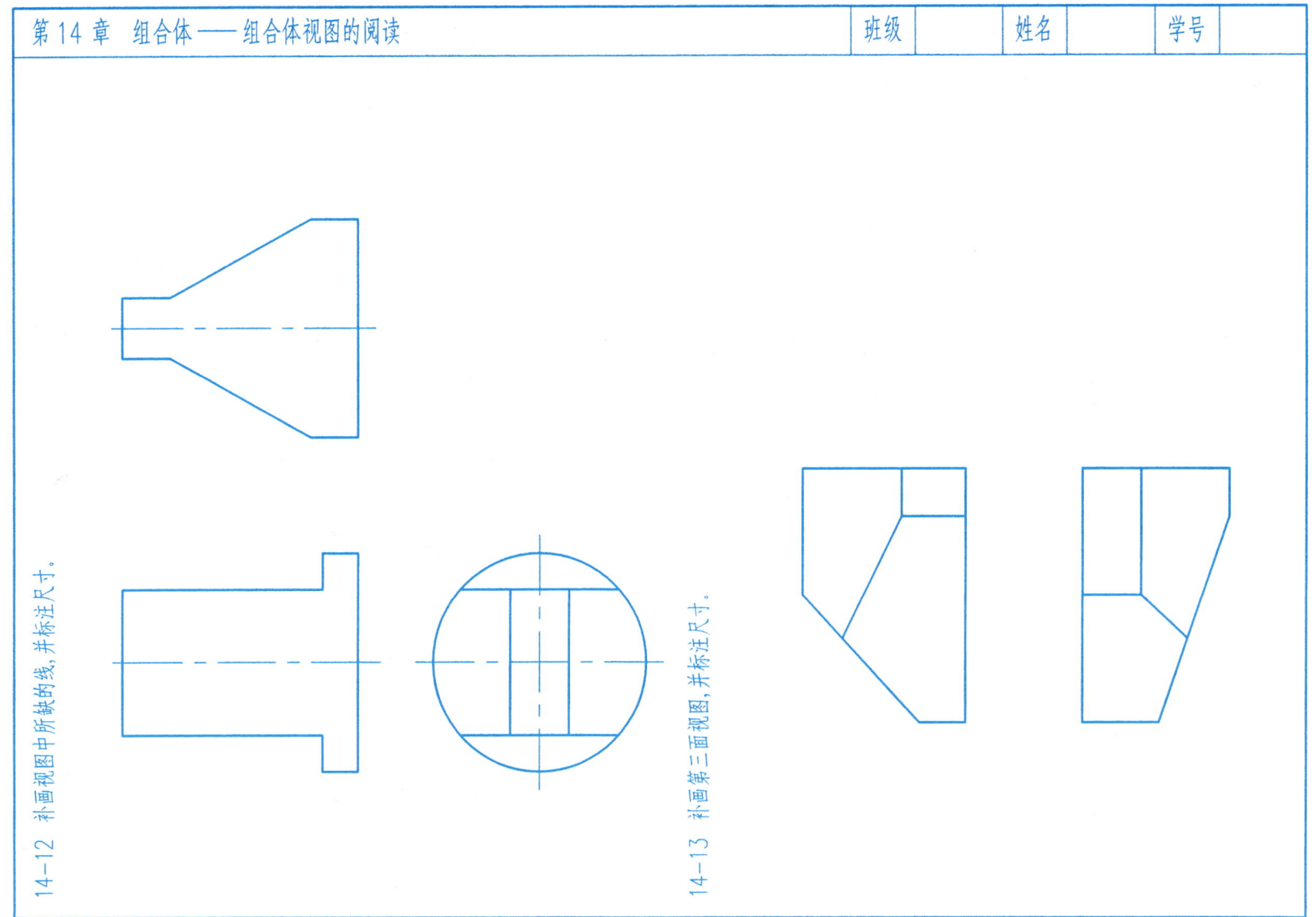

14-12 补画视图中所缺的线,并标注尺寸。

14-13 补画第三面视图,并标注尺寸。

第 14 章 组合体——组合体视图的阅读 班级　　姓名　　学号

14-14 补画视图中所缺的线,并标注尺寸。

(1)

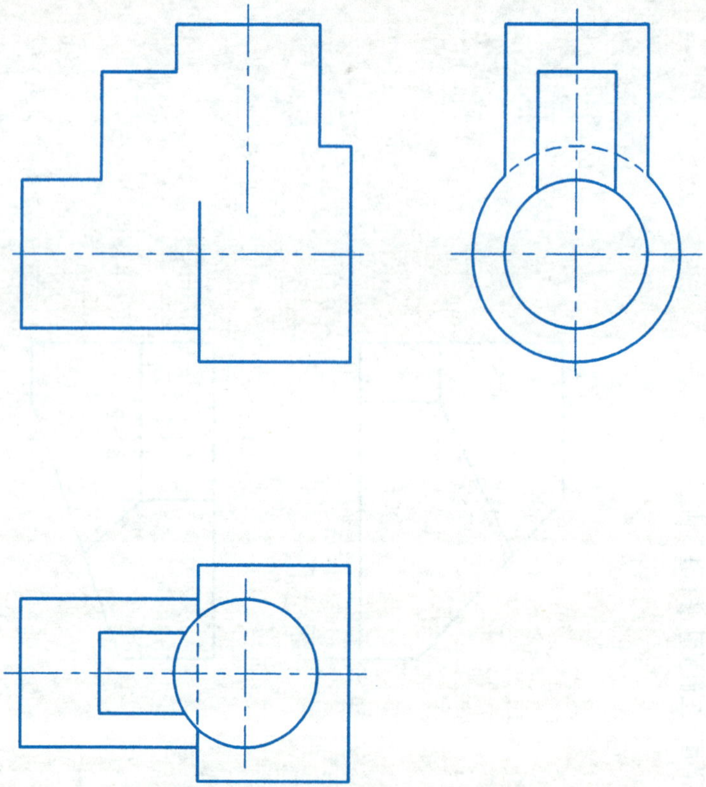

(2)

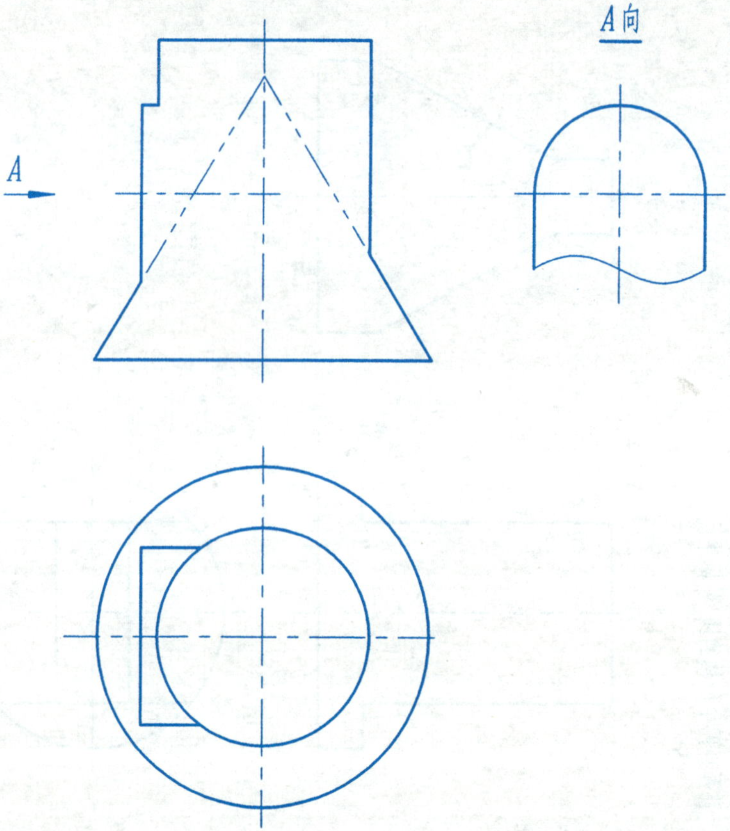

A 向

第15章　建筑形体的图示方法——基本视图和特殊视图

15-1　画出图示形体的五面视图（除仰视图），箭头为正视图方向，尺寸由图中量取。

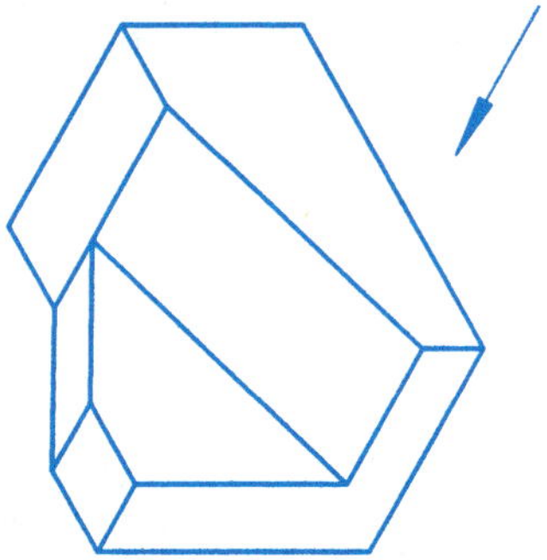

15-2　补画图示形体的局部视图，并进行标注。

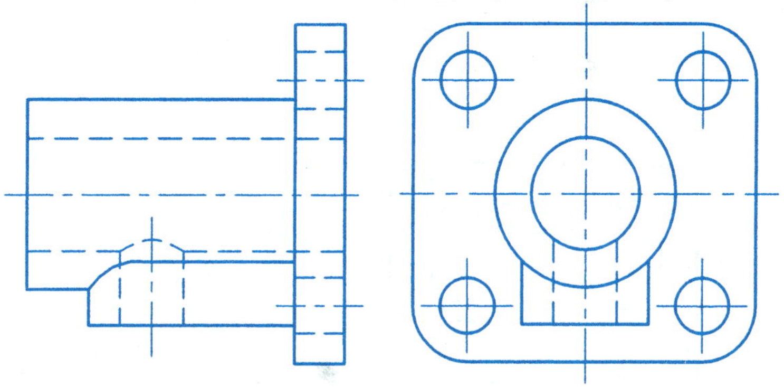

| 第15章 建筑形体的图示方法——基本视图和特殊视图 | 班级 | 姓名 | 学号 |

15-3 在左视图下方,画出A向局部视图替代左视图。

15-4 画出能替代左视图的斜视图和局部视图。

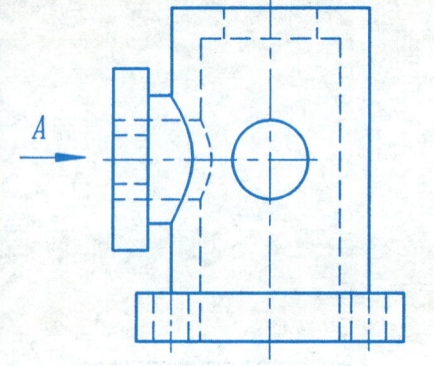
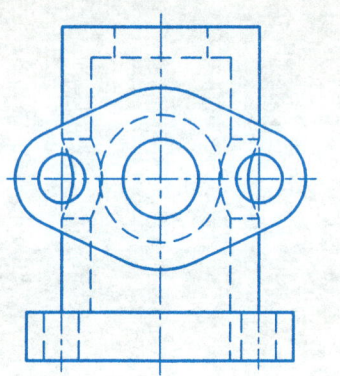
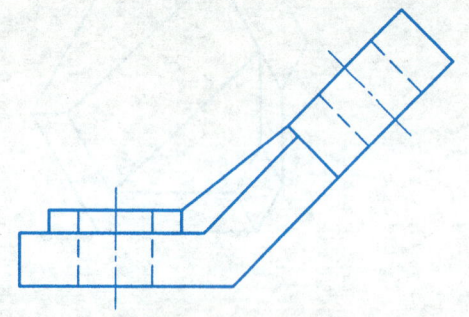
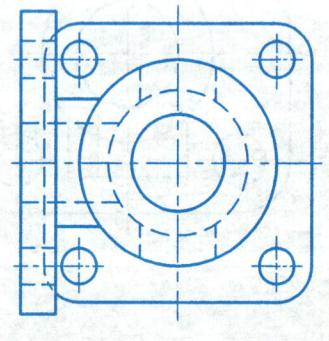
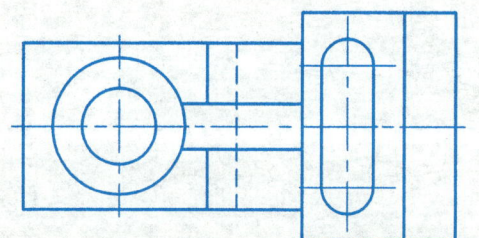

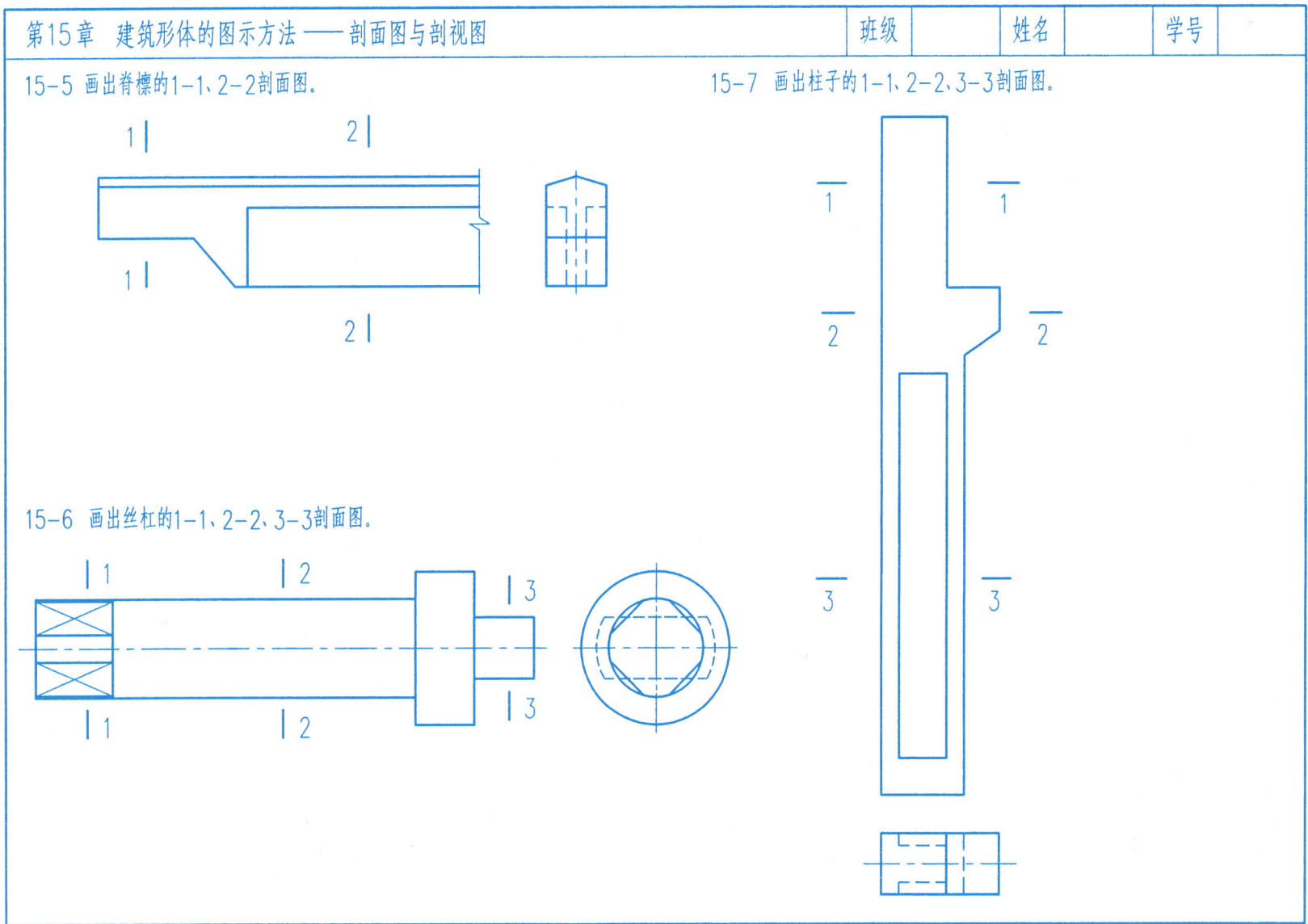

第15章 建筑形体的图示方法——剖面图与剖视图

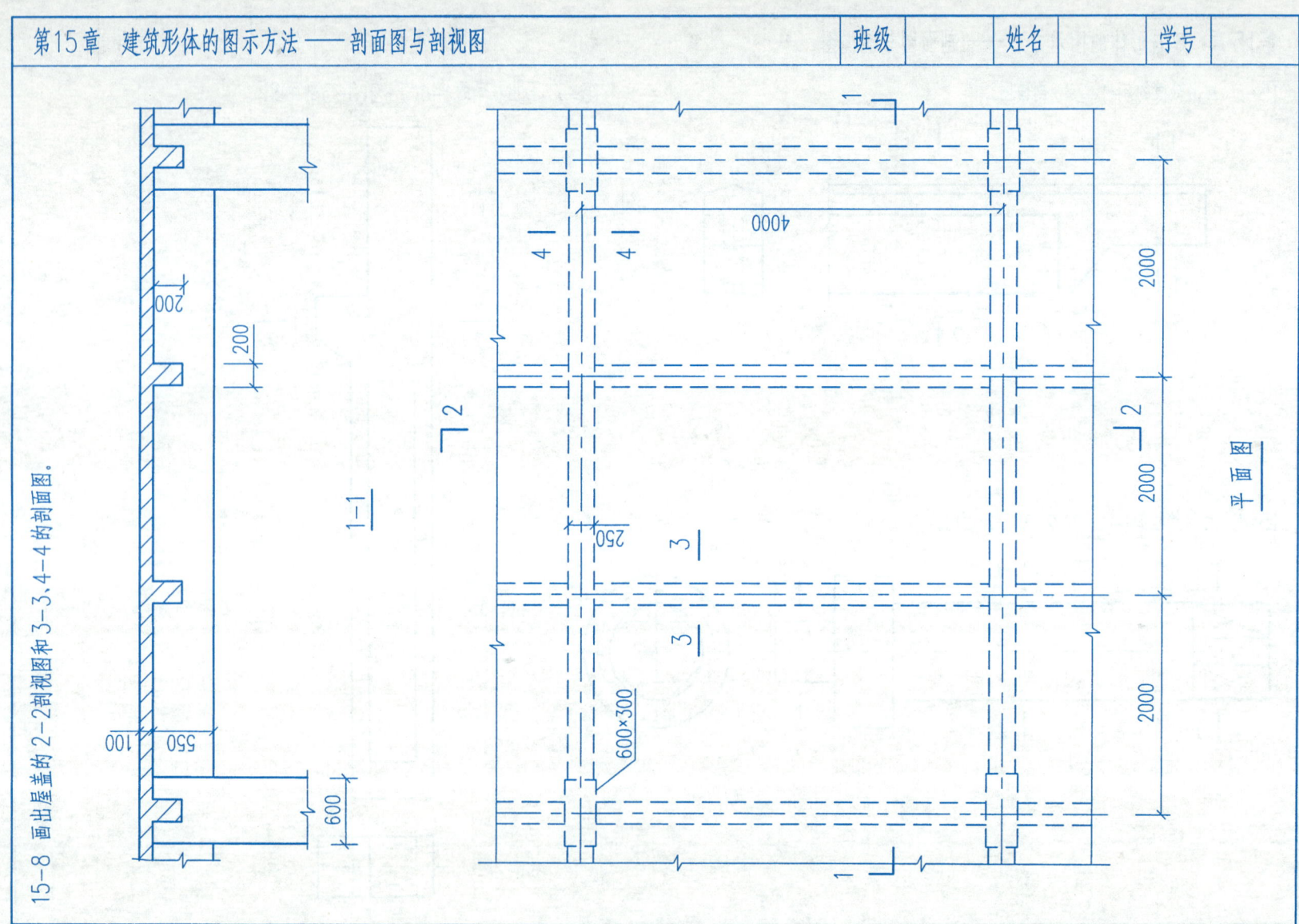

15-8 画出屋盖的 2-2 剖视图和 3-3、4-4 的剖面图。

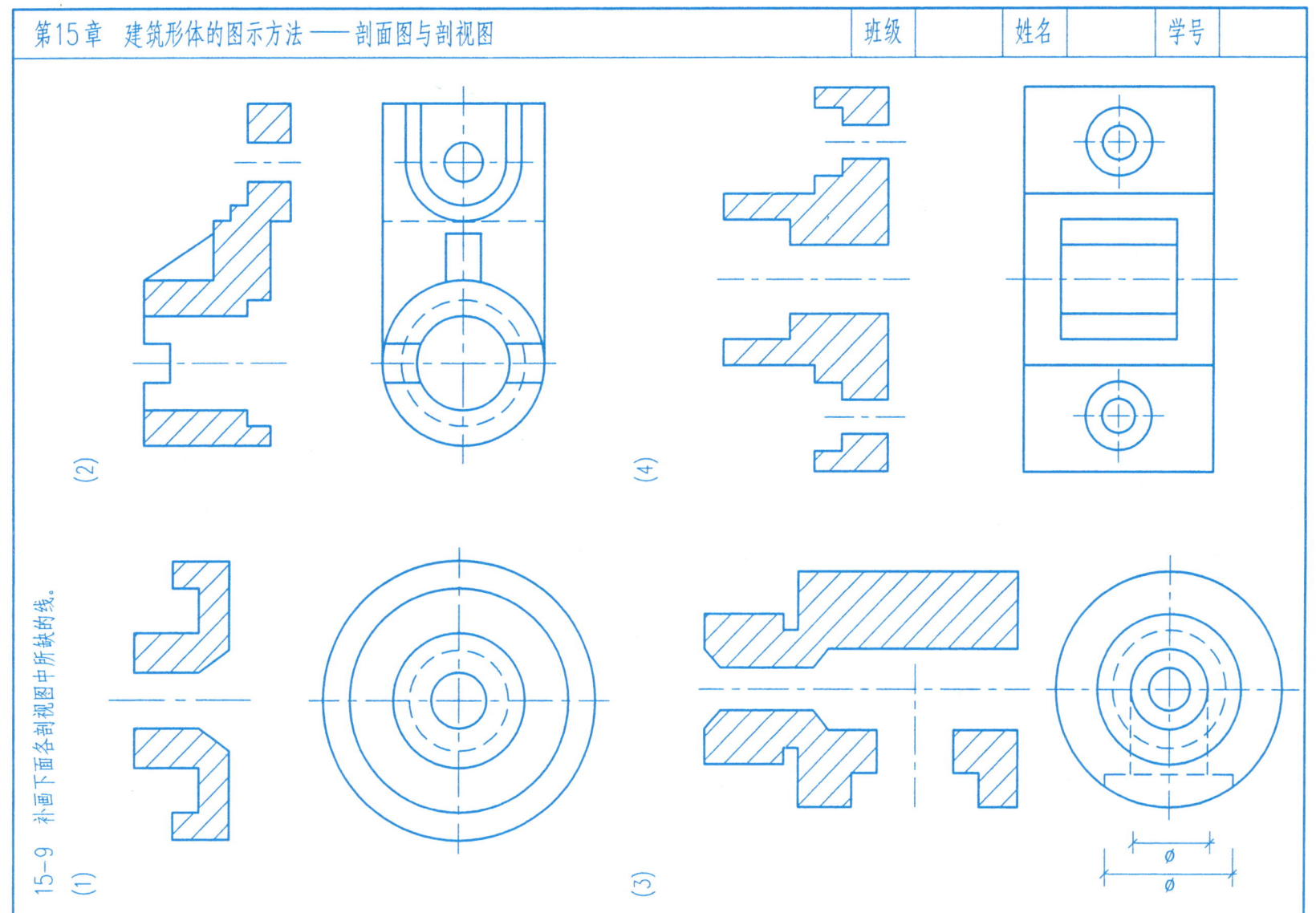

| 第15章　建筑形体的图示方法——剖面图与剖视图 | 班级　　　姓名　　　学号 |

15-10 画出雨篷、门洞、台阶处的全剖视图。　　　　　　15-11 将正视图改画成半剖视图，并作带半剖的左视图。

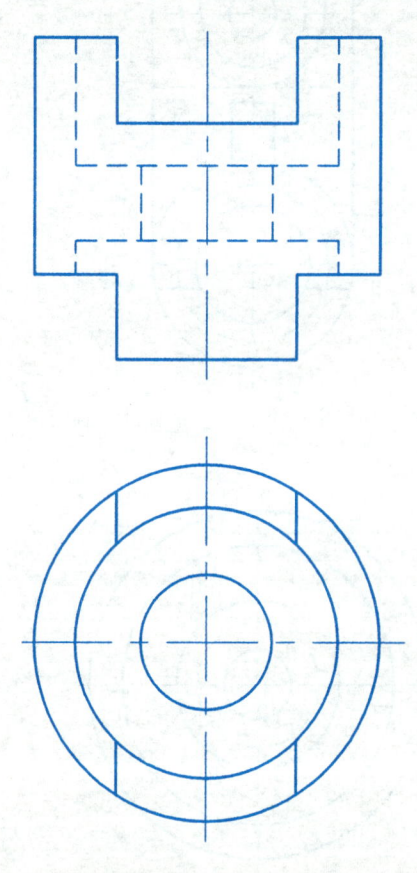

— 110 —

| 第15章 建筑形体的图示方法——剖面图与剖视图 | 班级 | 姓名 | 学号 |

15-12 将正视图改画为半剖(放在正、俯视图之间),并作带合适剖视的左视图。

(1)　　　　　　　　　　　　　　　　　　(2)

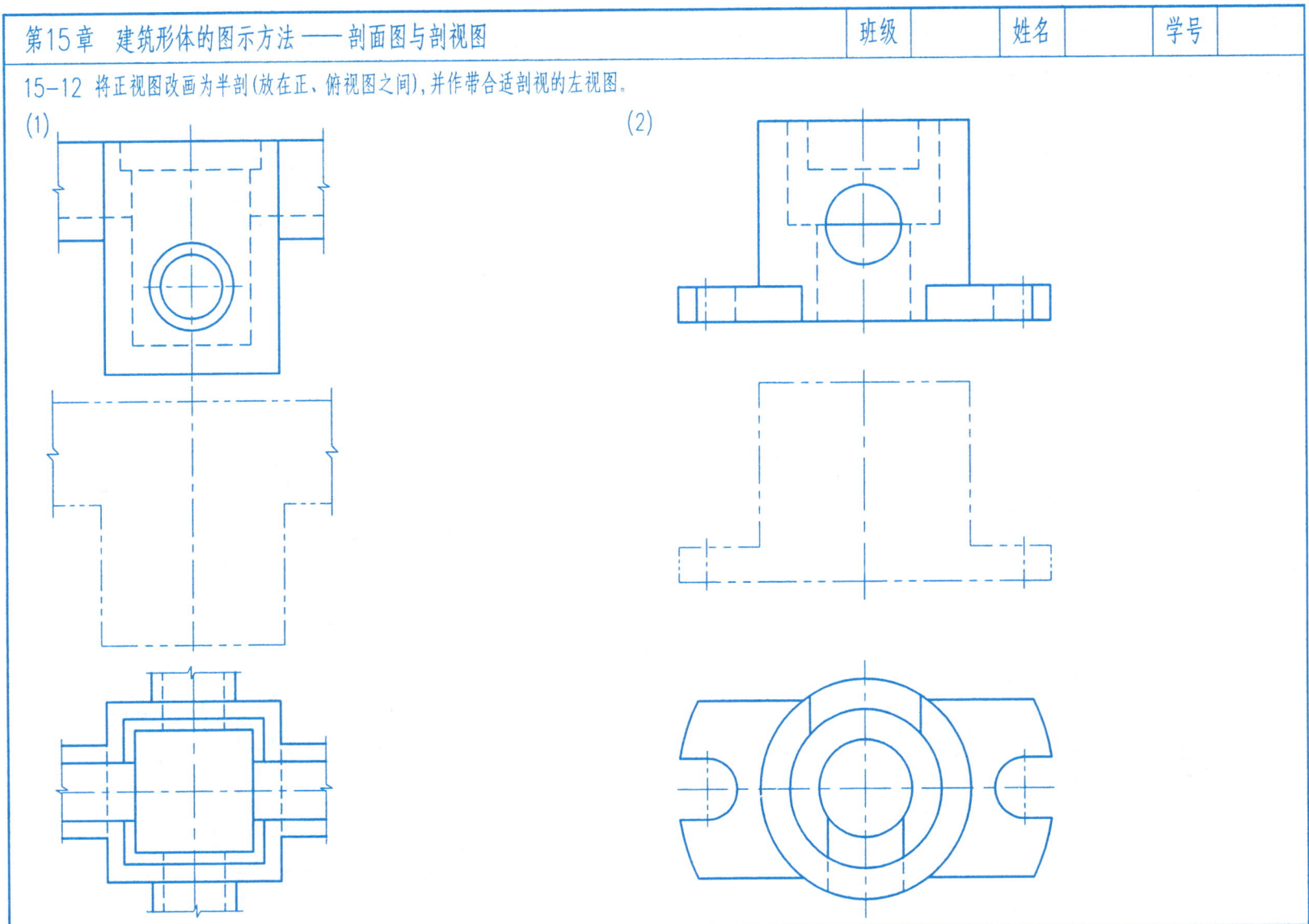

— 111 —

第15章 建筑形体的图示方法——剖面图与剖视图

15-13 画出图示形体的旋转剖视,并进行标注。

15-14 画出图示形体的阶梯剖视,并进行标注。

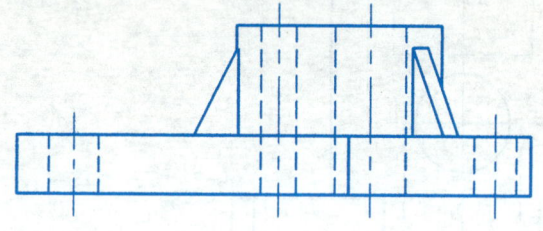

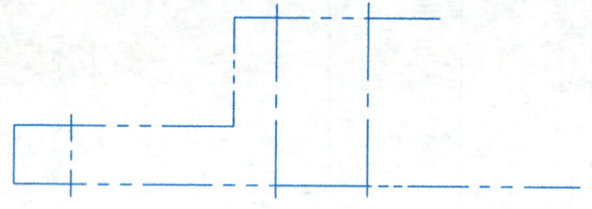

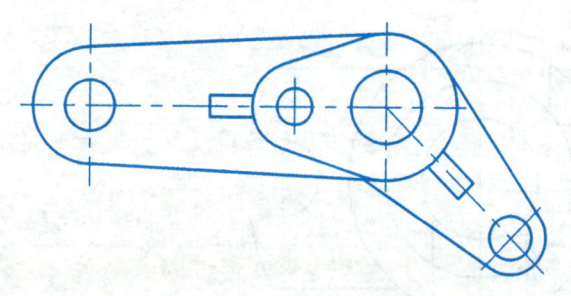

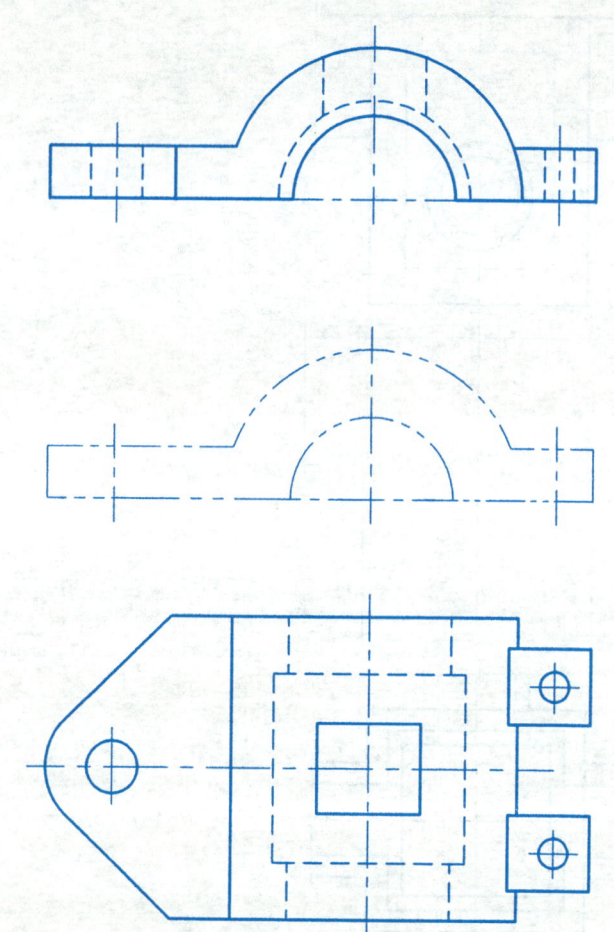

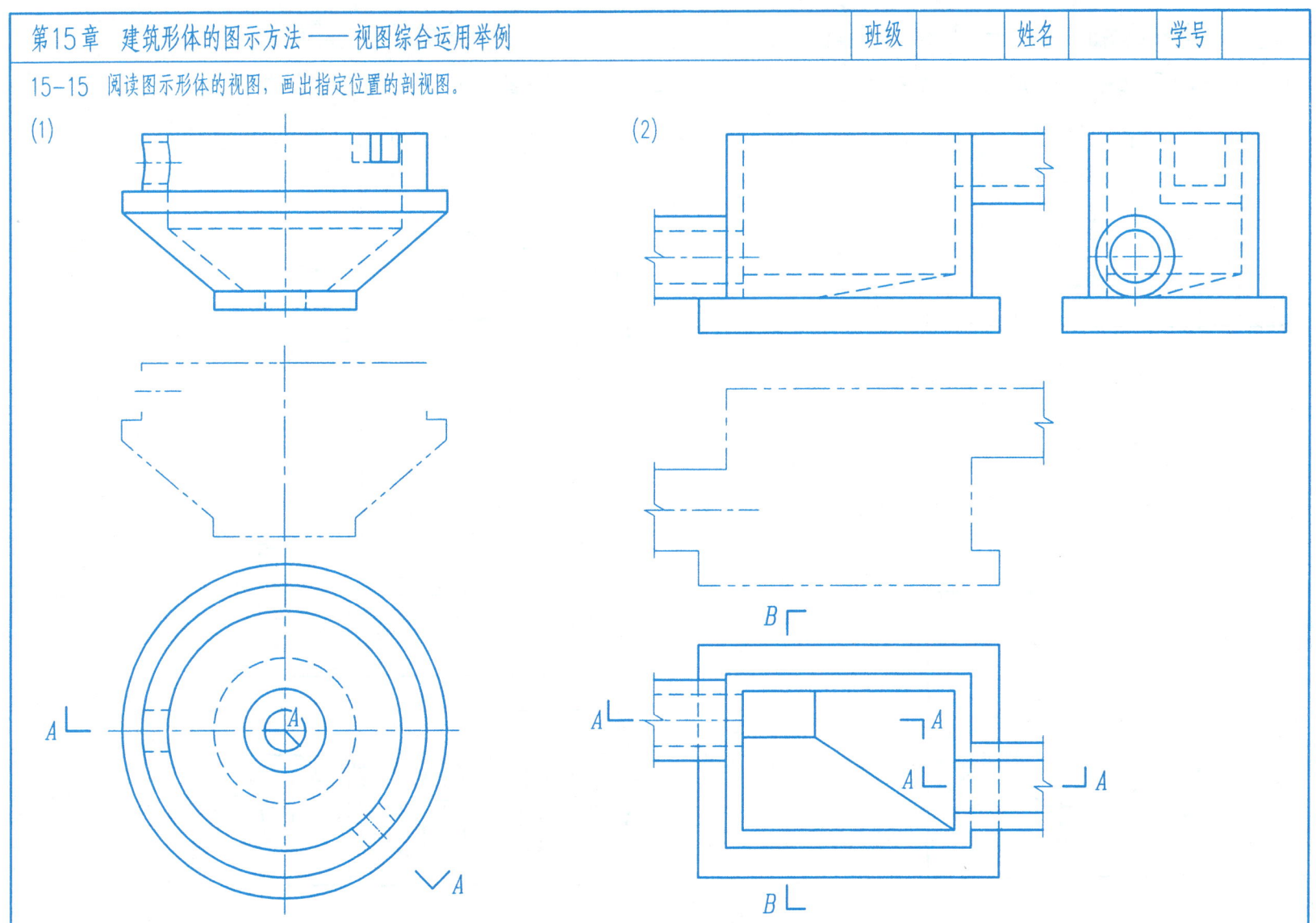

第15章 建筑形体的图示方法——视图综合运用举例

15-16 将正视图改画成全剖视，并作带阶梯剖的左视图。

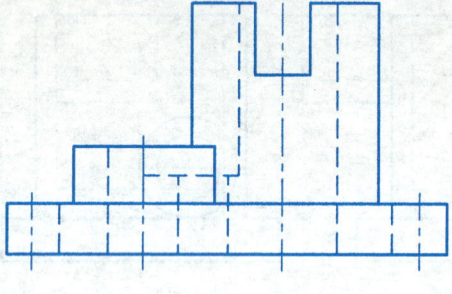

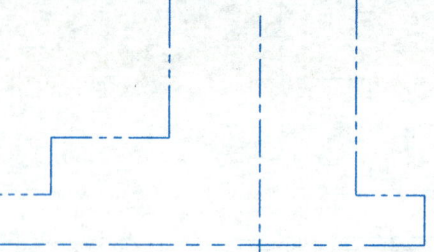

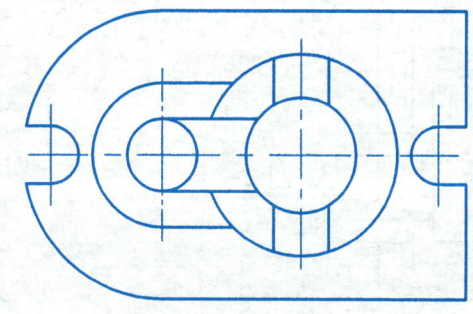

15-17 将正视图改画成半剖视，并作带半剖的左视图。

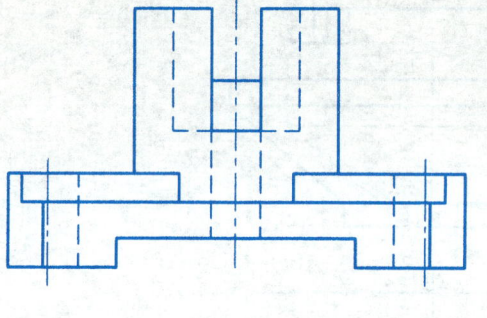

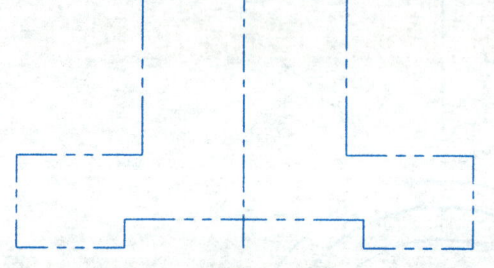

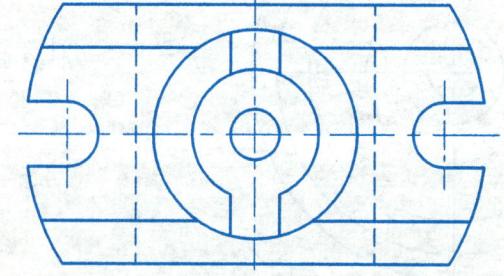

第15章 建筑形体的图示方法——视图综合运用举例

15-18 画出图示各形体的局部剖视图。

(1)

(2)

15-19 阅读图示形体的一组视图，并对各视图加以标注（位置、方向及名称）。

第15章 建筑形体的图示方法——视图综合运用举例 班级 姓名 学号

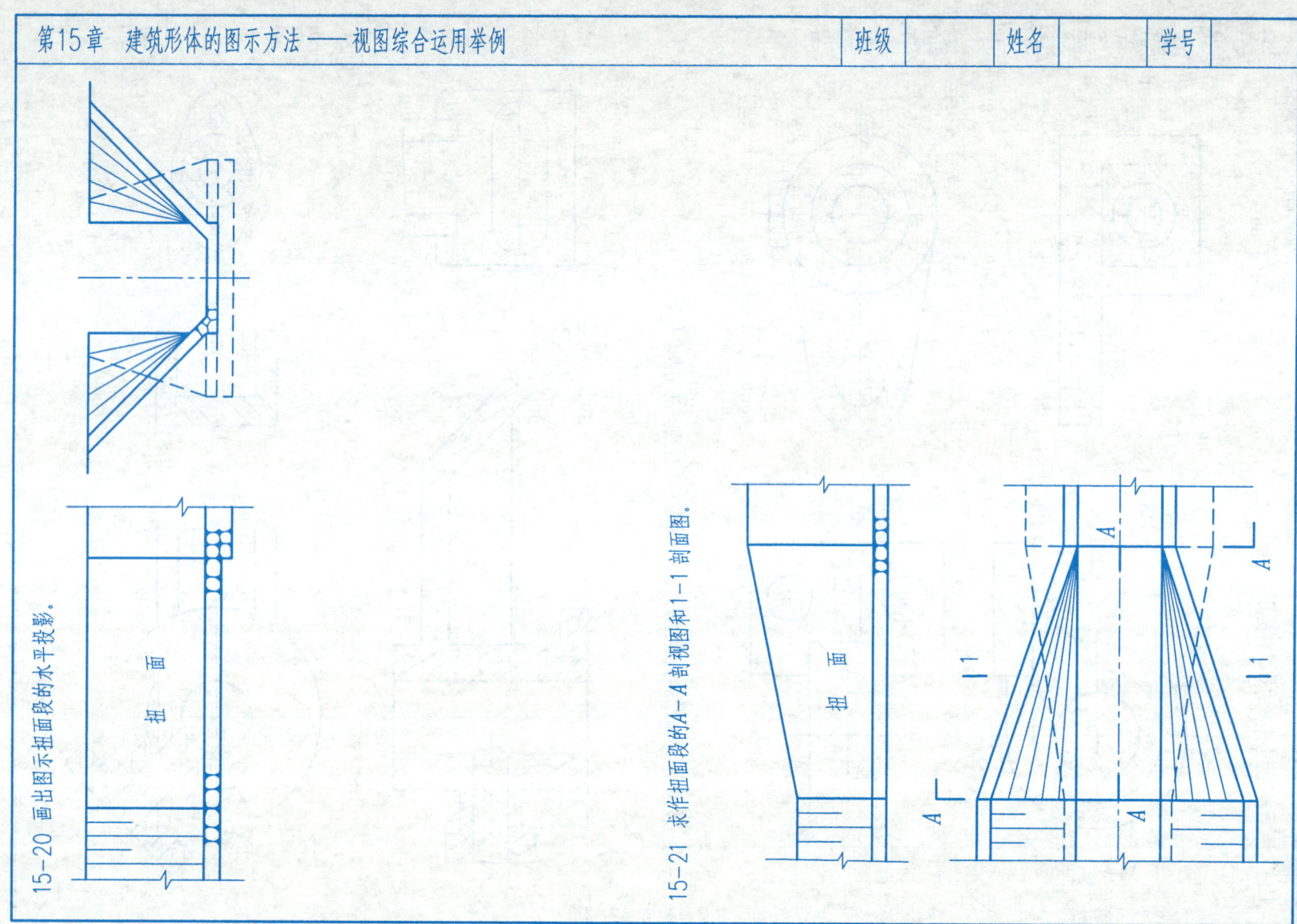

15-20 画出图示扭面段的水平投影。

15-21 求作扭面段的A—A剖视图和1—1剖面图。

- 116 -

第 16 章 水工图	班级		姓名		学号	

水工图绘制作业指示书

一、目的

1．了解水工图的图示特点，熟悉水工建筑物形体视图和剖视、剖面的表达方法。

2．掌握水工建筑物的尺寸标注方法，特别是标高和坡度的注法。

3．掌握手工绘制水工建筑物图形的基本技能。

二、内容和要求

1．用1:100 在A3 图纸上摘抄教材图16-26 冲沙闸的 $A—A$ 剖视图及图16-28中上、下游导墙的剖面 1—1、2—2、3—3和闸台板大样图。抄绘前，应认真阅读教材，了解冲刷闸的功能、位置、组成及图示方法等，并考虑本作业抄绘内容在图面上的合理布局。

这里仅就阅读要点概括如下：

(1) 冲刷闸位于河道的左岸，其轴线垂直于坝轴线。进水闸在冲刷闸的左侧，两闸轴线的夹角为30°。

(2) 冲刷闸坐落在基岩上，闸室的上、下游是开挖后的基岩面，其表面没有护砌。

(3) 闸孔底部的高程称为闸底板高程，如图中的595.50，不能与该闸的基底高程(592.50)相混淆。

(4) 冲刷闸挡水部分由胸墙（固定）和闸门（可动）组成，该工程的闸门设置在胸墙的前面（上游侧）。

作图时应注意：

(1) 由教材图 16-25 进、冲闸平面图可知，冲刷闸 $B—B$ 剖视朝向河心，剖切线通过左侧闸孔，其剖视图上游要在图右且中墩可见。

(2) 冲刷闸上游右导墙前端的表面是圆柱面和圆锥面形成的组合曲面，见剖面1—1。

2．用1:100 比例在A3 图纸上抄绘本习题集 P119进水闸平面图和 $A—A$ 剖视图。

由图可知，进水闸坐落在土基上，由引渠、进口段、闸室、静水池和扭面段组成，简述如下：

(1) 引渠及进口段：为保证水流平顺进入矩形闸室，进口段以圆柱翼墙过渡，其结构为钢筋混凝土扶壁式挡土墙，形状见P120中的1—1、2—2 剖面图。进口段的底部铺填有黏土防渗层，称为铺盖，其作用是减小闸底部的渗透压力(上举力)。

(2) 闸室：是进水闸的控制部分，由溢流底坎、中墩、边墩、胸墙、闸门和工作桥组成，其形状见图16-1。边墩形状见P120中的3—3剖面，闸孔安有两扇弧形钢闸门。

(3) 静水池：由平面图及A—A、C—C剖视图可知，它紧接闸室下游，底部水平，为全闸轮廓的最低段。其作用是消能防冲，亦称消力池。图中的池底板为混凝土结构，又称护坦。护坦设有许多排水孔，用以降低渗透压力。图中排水孔、反滤层采用简化画法，详见P120中的排水孔、反滤层详图。

(4) 扭面段：该段是水流的调整部分，又称海漫，其结构详见P120中的4—4剖面图。

作图时应注意：

(1) 闸底板前沿是该闸长度方向的基准，对称轴线是宽度方向的基准，而闸底板顶面(高程为105.00 m)是高度方向的基准。

(2) P119中的A—A剖视图中圆柱翼墙与渠道边坡面的交线是1/4椭圆曲线，可用比例方法求得，作图详见图16-2。

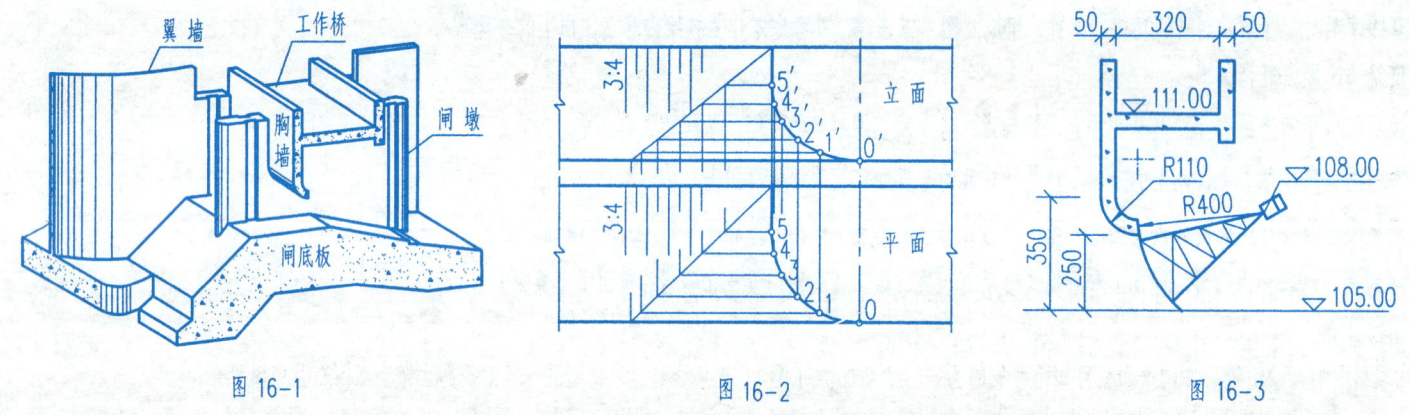

图16-1　　　　　　　　　　图16-2　　　　　　　　　　图16-3

(3) 绘制A—A剖视时，有关工作桥、胸墙、弧形闸门及"牛腿"参看图16-3；其中，弧形门及牛腿多采用图示的简化画法，主要控制圆弧的半径和圆心位置。

(4) B—B剖视图示出引渠的总宽度和边坡比(3∶4)，其表层为等厚的浆砌块石，下垫不等厚黏土铺盖；C—C是阶梯剖视，反映了静水池及下游渠道的形状和构造。图中扭面投影是不完整的，可先按完整扭面画底稿，再擦去不可见部分。

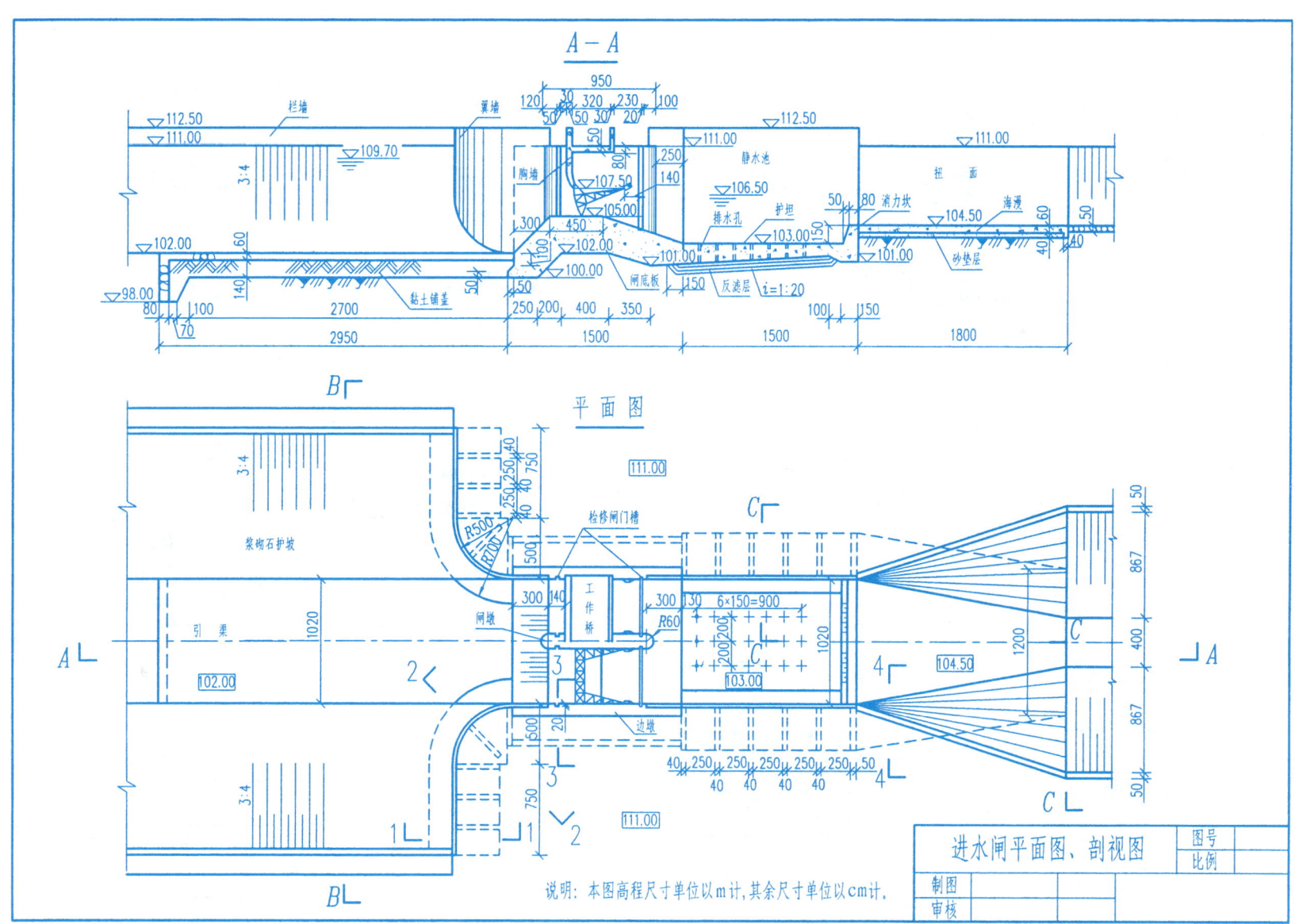

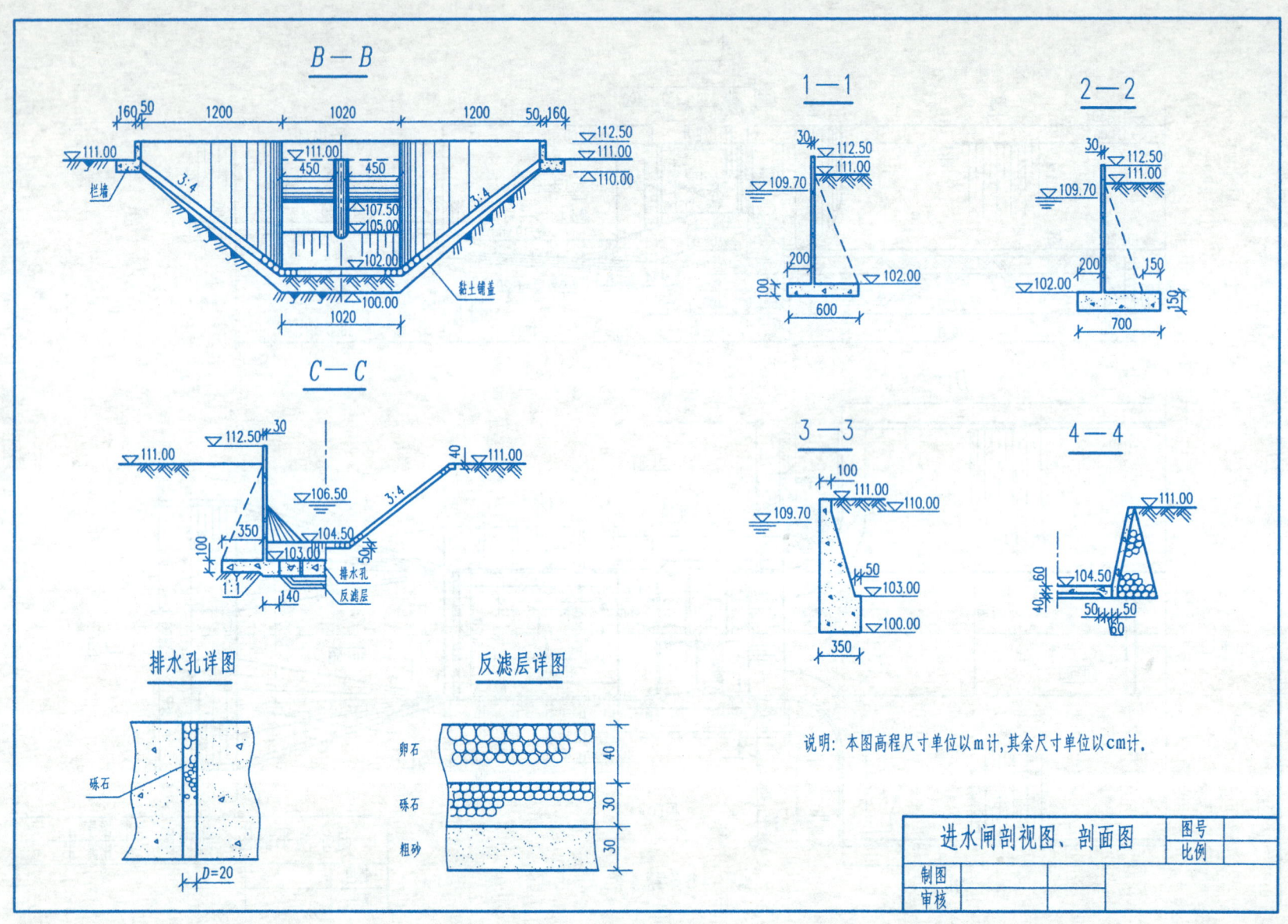

第17章 建筑施工图

班级　　　姓名　　　学号

建筑施工图绘制作业指示书

一、目的

1. 了解房屋形体及其构配件的内容、图示特点，了解综合运用视图、剖视、剖面等表达房屋形体及构配件的方法。
2. 掌握房屋建筑形体及构配件的尺寸标注，尤其是立面图和剖面图中高程的标注方法。
3. 掌握手工绘制房屋建筑形体及其构配件的基本技能。

二、内容和要求

1. 按1:100在A3图纸上抄绘教材第17章接待楼（不含东侧的楼）的底层平面图（图17-4）和北（正）立面图（图17-7）。

   抄绘前，应认真阅读教材第17章第3节和第4节中所讲述的内容，了解该楼平、立面图的布置、图示特点及图线、图例和尺寸标注。

   作图时应注意：

   (1) 该楼的正立面朝北，画图时应将底层平面图逆时针旋转90°，使北朝下。见本习题集图17-1。

   (2) 由于平面图旋转，图中的文字、尺寸标注方向亦应作相应的调整。

   (3) 北（正）立面两侧的切角安装有条形玻璃窗C-3；立面的面砖装饰图中仅以分格线示意：双细线表示两面砖平接且留缝；单细线表示两面砖错台，不留缝。

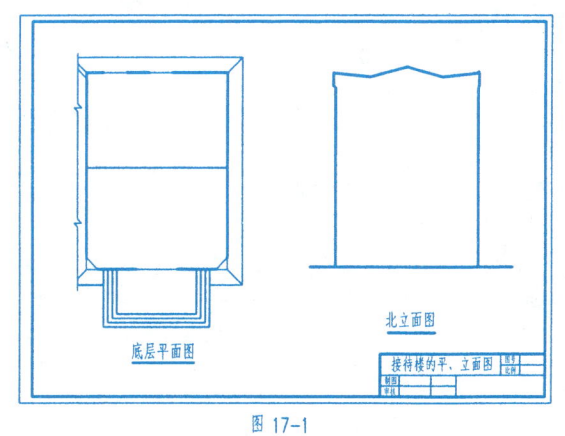

图 17-1

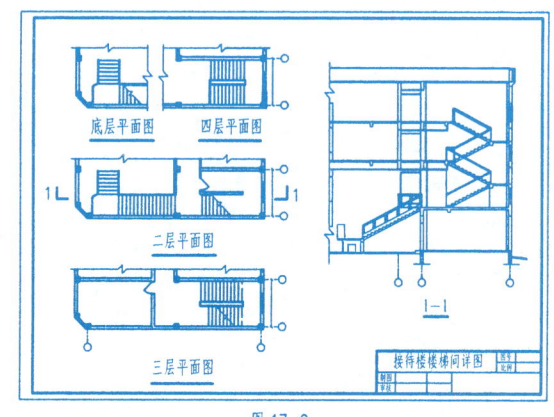

图 17-2

2. 按1:100 在 A3 图纸上抄绘教材第17章接待楼的"楼梯间详图"(图17-13、图17-14)。

　　抄绘前，应认真阅读教材第17章第6节中所讲述的内容，了解该楼梯间的布置、图示特点及图线、图例和尺寸标注。

　　因图幅限制，本作业要求布图时将教材中的阶梯剖视改为全剖视，同时为了降低难度，剖视图中左端的北立面墙可不示出(用断开线断开)，见本习题集图17-2。

　　作图时应注意：

(1) 仍在二层平面图中示出全剖视图1—1 的剖切位置线(必须通过窗洞)，见本习题集图17-2。

(2) 一、二层楼梯下有储藏室，特别是二层储藏室，要先读懂图后再画。

(3) 严格按图示尺寸绘制梯段的位置及步级数。

第18章 结构施工图	班级		姓名		学号	

结构施工图绘制作业指示书

一、目的

1. 钢筋混凝土结构是土建工程最常见的结构，故本作业选择钢筋混凝土梁的配筋图作为抄绘对象。
2. 熟悉结构配筋图的表达特点，掌握钢筋混凝土构件的图示方式及标注方法。
3. 掌握手工绘制结构配筋图的基本技能。

二、内容和要求

抄绘习题集 P125 中的"主梁配筋图"，图纸幅面、绘图比例自定。

由本习题集 P124 中的"楼面结构布置图"可以看出：

(1) 轴线②、③、④、⑤上分别布置4根主梁，它是三跨连续梁，两端支在墙 Ⓐ、Ⓓ 的360×370砖柱上，中间支有两根300×300钢筋混凝土方柱，单跨长6000，总长6000×3+120×2=18240，梁高670+80(板厚)=750，宽250。垂直于主梁面有8根次梁(6根 $L-2$ 和2根 $L-2a$)，是五跨连续梁，单跨长6000，总长6000×5+120×2=30240，梁高370+80(板厚)=450，宽200。主梁和次梁构成了楼面梁格体系，梁格上分区布置了代号为 $B1$～$B6$ 的楼面板。

(2) 主梁对称，使用对称符号立面只需画一半。由立面图、截面图和钢筋表可知，各编号钢筋的形状、尺寸和位置。①、⑥是边跨的受力筋和架立筋，①在梁下方，⑥在梁的上方，每跨前后各一根。②、③、⑨是弯筋(受力筋)，②、③在边跨，50和650是它们的定位尺寸，1000和1440是它们伸入中跨的长度；⑨位于中跨，35是定位尺寸，1015是伸入边跨的长度。⑦是中跨受力筋，共三根，都在梁的下方。④、⑤是中跨的架立筋，在梁的上方，2340和1560是它们伸入边跨的长度。⑧是钢箍，间距200(有次梁处加密为50)。

作图时应注意：

(1) 先在习题集上将2—2、4—4截面图的钢筋补全后再抄绘。
(2) 梁的轮廓线用细实线画，轴线编号用直径8mm细实线画圆，钢筋编号用直径6mm的细实线画圆。
(3) 对称符号居中于对称线，平行线长6~8 mm，间隔2~3 mm。

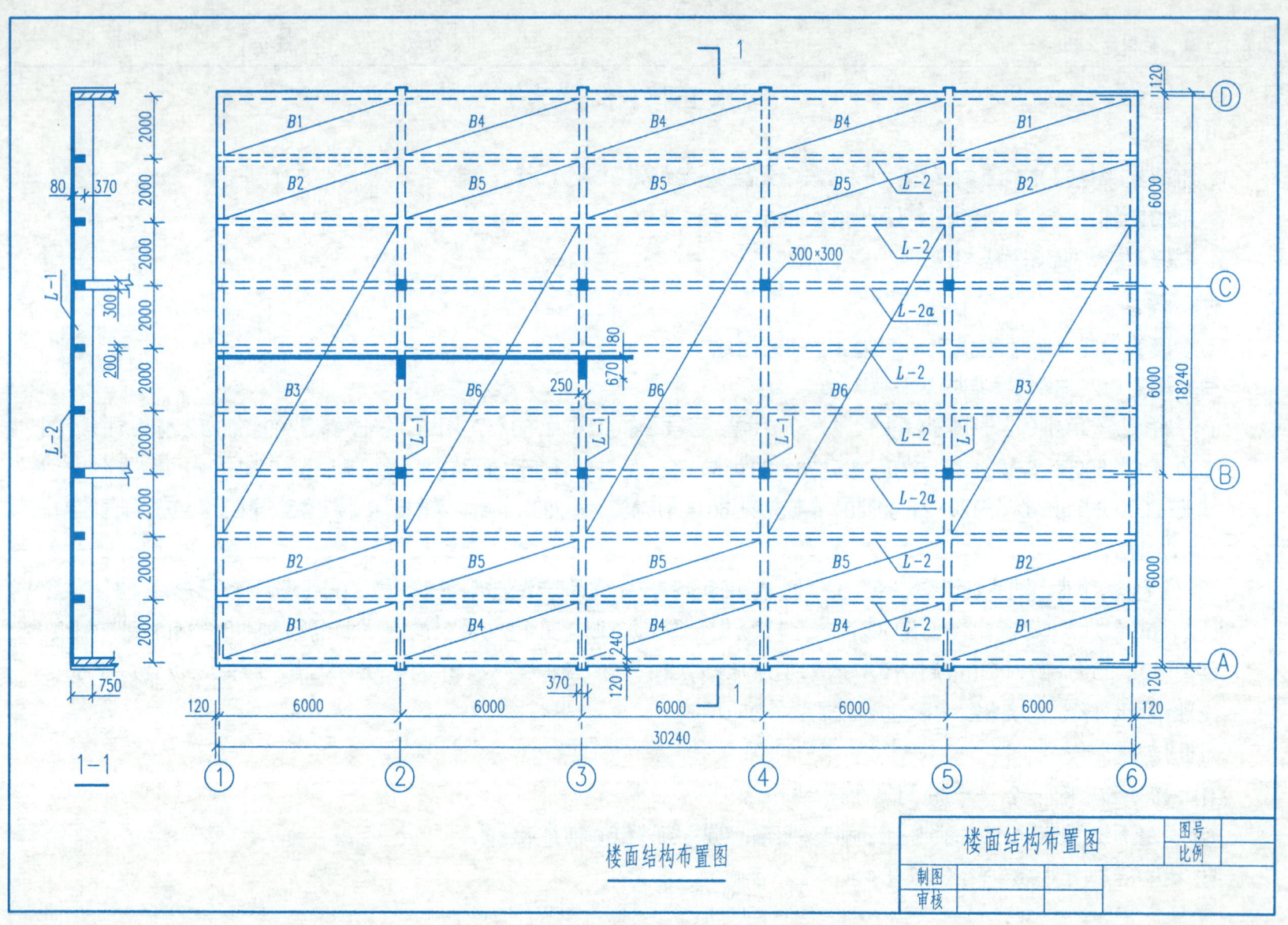

楼面结构布置图

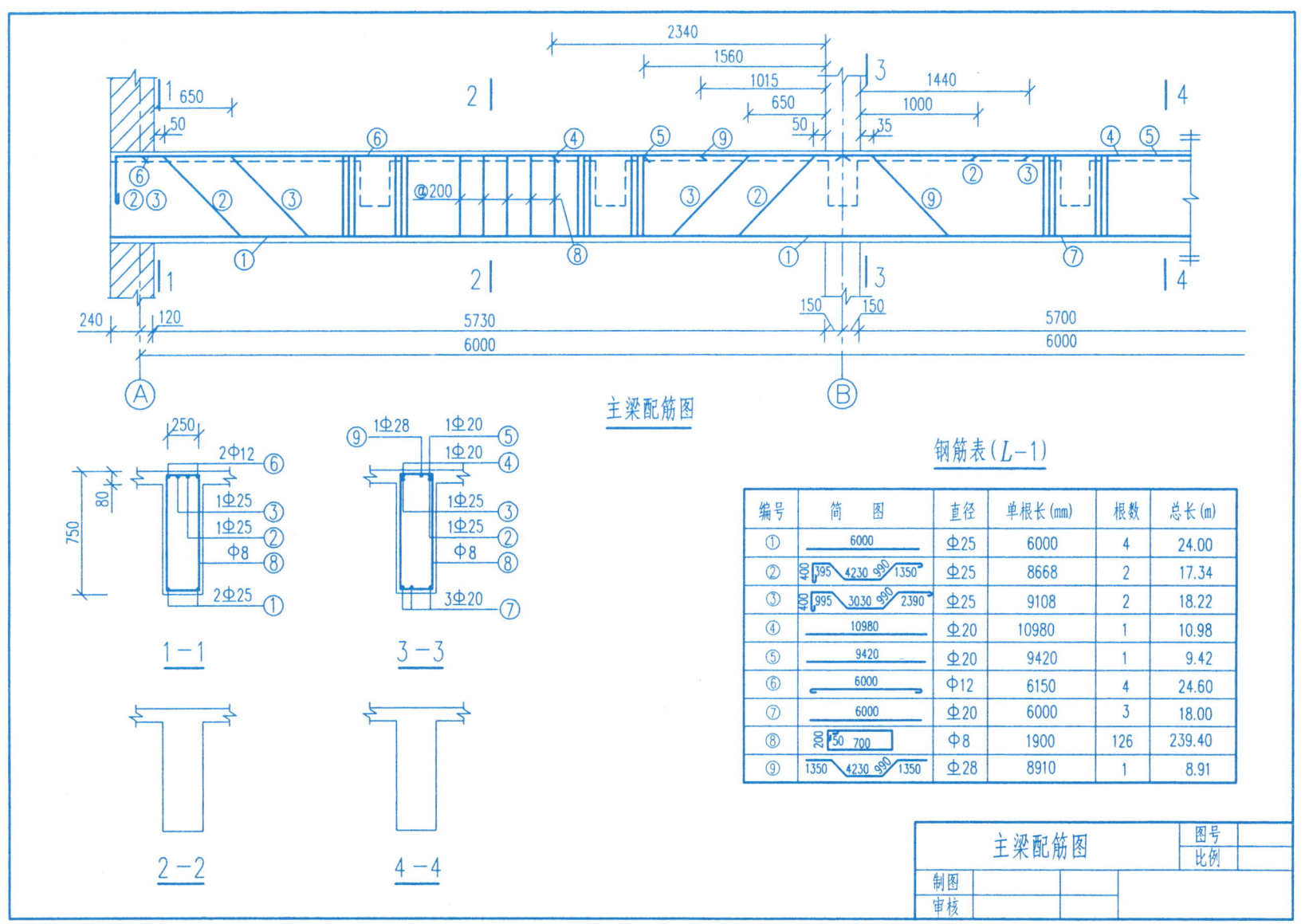